KB018671

곤충

나들이도감

세밀화로 그린 보리 산들바다 도감

곤충 나들이도감

그림 권혁도

글 김진일, 신유항, 김성수, 김태우, 최득수, 이건휘, 차진열, 변봉규
장용준, 신이현, 이만영, 전동준, 황정훈

감수 김진일, 이건휘, 김성수, 배연재, 이홍식, 이만영, 신이현, 이영준, 최득수, 김태우

편집 김종현, 정진이
기획실 김소영, 김용란
디자인 이안디자인
제작 심준엽
영업마케팅 김현정, 심규완, 양병희
영업관리 안명선
새사업부 조서연
경영지원실 노명아, 신종호, 차수민
분해와 출력·인쇄 (주)로얄프로세스
제본 (주)상지사 P&B

1판 1쇄 펴낸 날 2016년 5월 1일 | **1판 13쇄 펴낸 날** 2024년 5월 1일
펴낸이 유문숙
펴낸 곳 (주) 도서출판 보리
출판등록 1991년 8월 6일 제 9-279호
주소 (10881) 경기도 파주시 직지길 492
전화 (031)955-3535 / **전송** (031)950-9501
누리집 www.boribook.com **전자우편** bori@boribook.com

값 12,000원

보리는 나무 한 그루를 베어 낼 가치가 있는지 생각하며 책을 만듭니다.

ISBN 978-89-8428-927-7 06470 978-89-8428-890-4 (세트)
이 도서의 국립중앙도서관 출판시도서목록(CIP)은 서지정보유통지원시스템 홈페이지
(http://seoji.nl.go.kr)와 국가자료공동목록시스템(http://www.nl.go.kr/kolisnet)에서
이용하실 수 있습니다. (CIP 제어번호 : CIP2016009092)

세밀화로 그린 보리 산들바다 도감

우리 둘레에서 흔히 보는 곤충 137종

곤충 나들이도감

그림 권혁도 | 감수 김진일 외

보리

일러두기

1. 아이부터 어른까지 함께 볼 수 있도록 쉽게 썼다.
2. 우리 둘레에서 흔히 보는 곤충 137종을 실었다.
3. 세밀화는 곤충 하나하나를 취재해서 보고 그렸다.
4. 곤충은 잠자리목, 메뚜기목처럼 목으로 나누고 그 안에서 과별 분류 차례대로 실었다.
5. 곤충 이름과 학명, 분류는 《한국 곤충 총 목록》(백문기 외, 자연과 생태, 2010)을 따랐고, 북녘에서 쓰는 이름은 《식물곤충사전》(백과사전출판사, 1991, 평양)을 따랐다.
6. 과명에 사이시옷은 적용하지 않았다.
7. 맞춤법과 띄어쓰기는 《표준국어대사전》을 따랐다.
8. 그림이 실제 크기보다 얼마나 크고 작은지 세밀화 옆에 나타냈다.
9. 곤충 크기에서 나비만 날개를 편 길이고, 다른 곤충은 모두 머리 끝부터 배 끝까지 길이다.

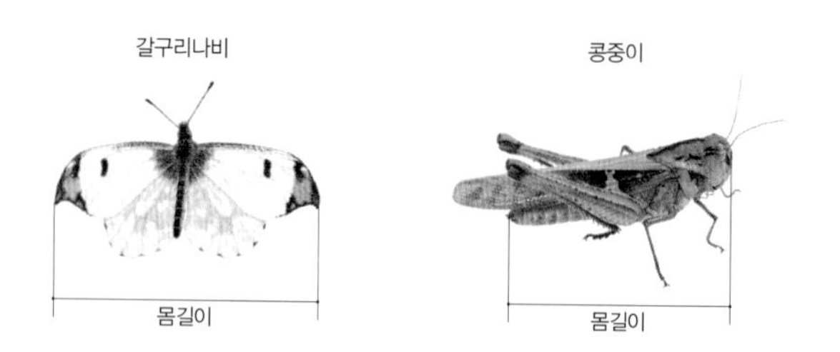

10. 본문 보기

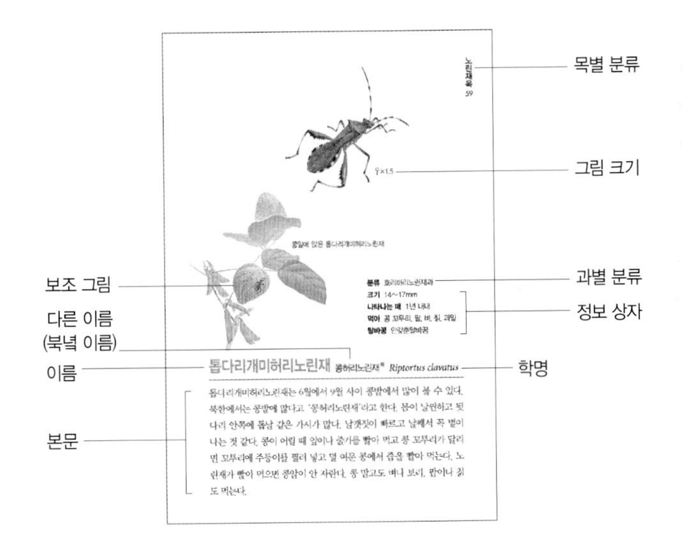

목별 분류
노린재목
59
그림 크기
♀×1.5
콩잎에 앉은 톱다리개미허리노린재
보조 그림
과별 분류
분류 호리허리노린재과
크기 14~17mm
나타나는 때 1년 내내
먹이 콩 꼬투리, 팥, 벼, 칡, 과일
탈바꿈 안갖춘탈바꿈
정보 상자
다른 이름
(북녘 이름)
이름
톱다리개미허리노린재 콩허리노린재[북] Riptortus clavatus
학명
본문
톱다리개미허리노린재는 6월에서 9월 사이 콩밭에서 많이 볼 수 있다. 북한에서는 콩밭에 많다고 '콩허리노린재'라고 한다. 몸이 날씬하고 뒷다리 안쪽에 톱날 같은 가시가 많다. 날갯짓이 빠르고 날쌔서 꼭 벌이 나는 것 같다. 콩이 어릴 때 잎이나 줄기를 빨아 먹고 콩 꼬투리가 달리면 꼬투리에 주둥이를 찔러 넣고 덜 여문 콩에서 즙을 빨아 먹는다. 노린재가 빨아 먹으면 콩알이 안 자란다. 콩 말고도 벼나 보리, 팥이나 칡도 먹는다.

곤충
나들이도감

벼룩목

파리목

날도래목

나비목

곤충 더 알아보기

우리와 함께 사는 곤충

사람과 곤충

곤충이 살아가는 모습

무리별 특징

찾아보기

그림으로 찾아보기

1. 하루살이목

2. 잠자리목

3. 바퀴목

4. 사마귀아목

5. 집게벌레목

6. 메뚜기목

7. 대벌레목

8. 이목

9. 노린재목

10. 풀잠자리목

11. 딱정벌레목

12. 벌목

13. 벼룩목

14. 파리목

15. 날도래목

16. 나비목

그림으로 찾아보기

1. 하루살이목

2. 잠자리목

고추잠자리 33 두점박이좀잠자리 34 된장잠자리 35

3. 바퀴목

독일바퀴 36

4. 사마귀아목

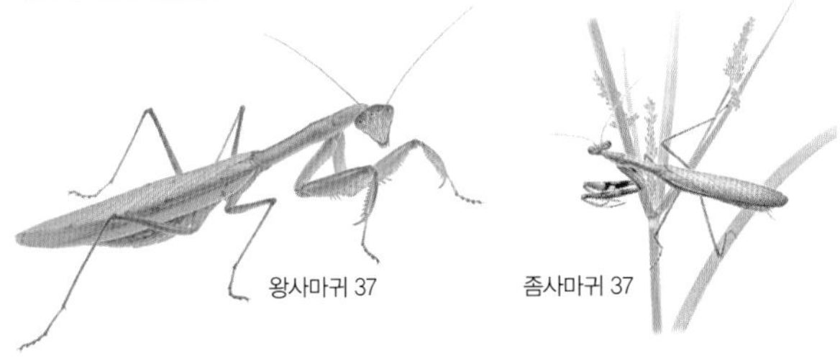

왕사마귀 37 좀사마귀 37

5. 집게벌레목

고마로브집게벌레 38

6. 메뚜기목

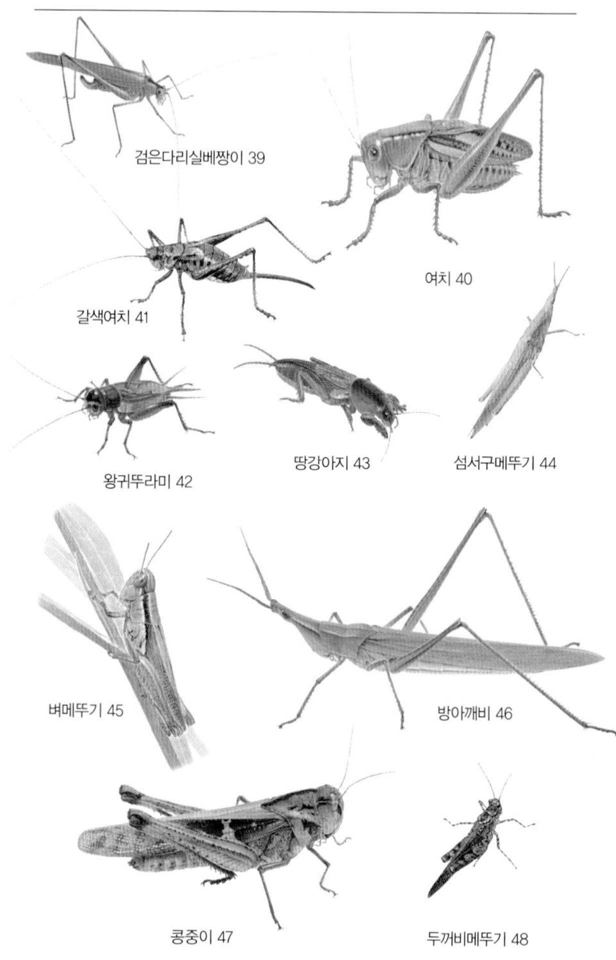
검은다리실베짱이 39
여치 40
갈색여치 41
왕귀뚜라미 42
땅강아지 43
섬서구메뚜기 44
벼메뚜기 45
방아깨비 46
콩중이 47
두꺼비메뚜기 48

7. 대벌레목

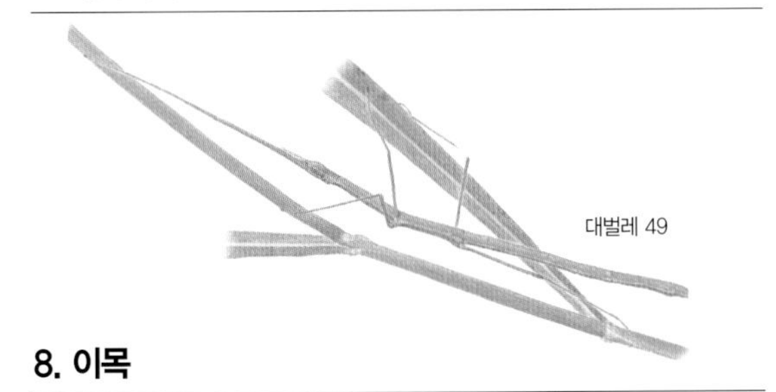

대벌레 49

8. 이목

이 50

9. 노린재목

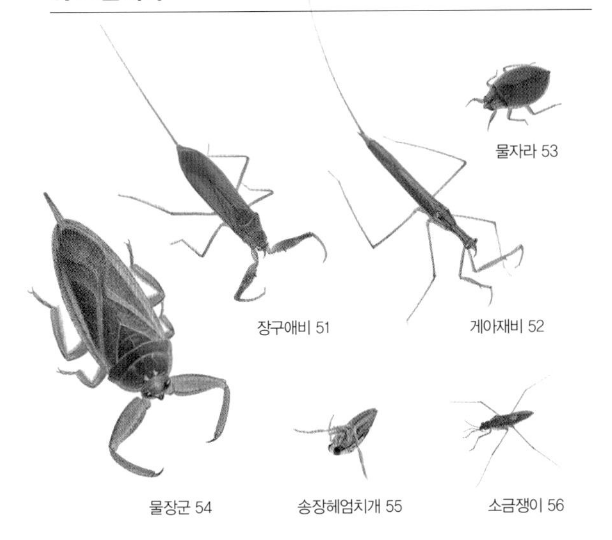

물자라 53

장구애비 51

게아재비 52

물장군 54

송장헤엄치개 55

소금쟁이 56

시골가시허리노린재 57　큰허리노린재 58　톱다리개미허리노린재 59

알락수염노린재 60　얼룩대장노린재 61　끝검은말매미충 62　벼멸구 63

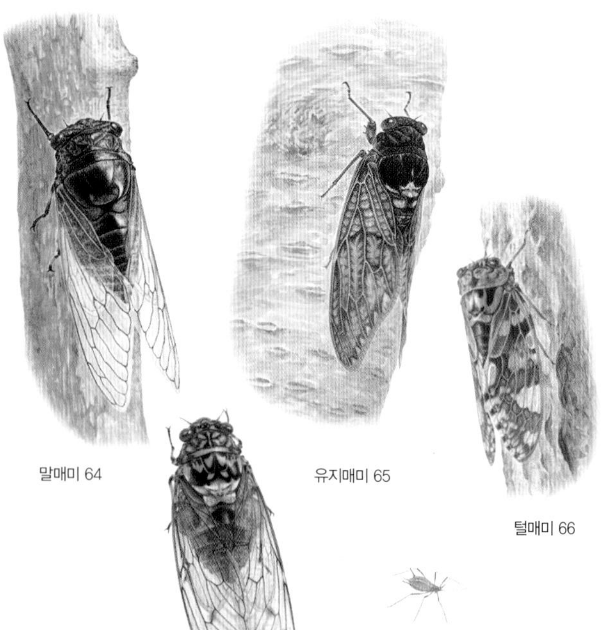

말매미 64　유지매미 65　털매미 66　참매미 67　진딧물 68

10. 풀잠자리목

칠성풀잠자리 69
명주잠자리 70
노랑뿔잠자리 71

11. 딱정벌레목

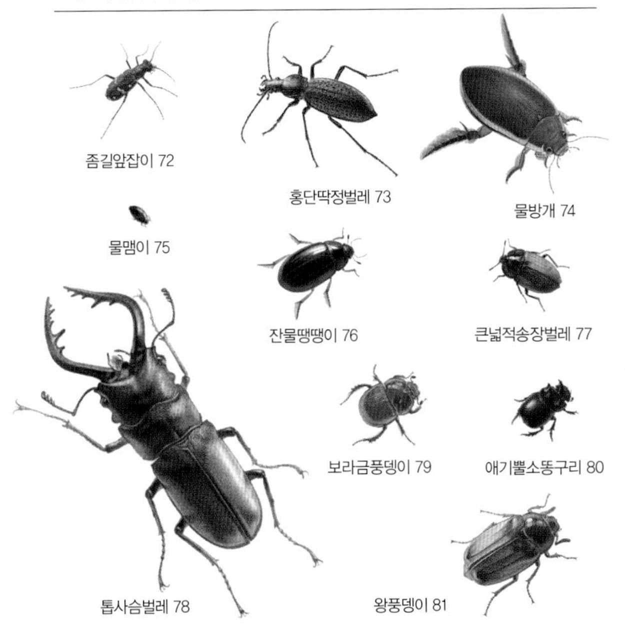

좀길앞잡이 72
홍단딱정벌레 73
물방개 74
물맴이 75
잔물땡땡이 76
큰넓적송장벌레 77
톱사슴벌레 78
보라금풍뎅이 79
애기뿔소똥구리 80
왕풍뎅이 81

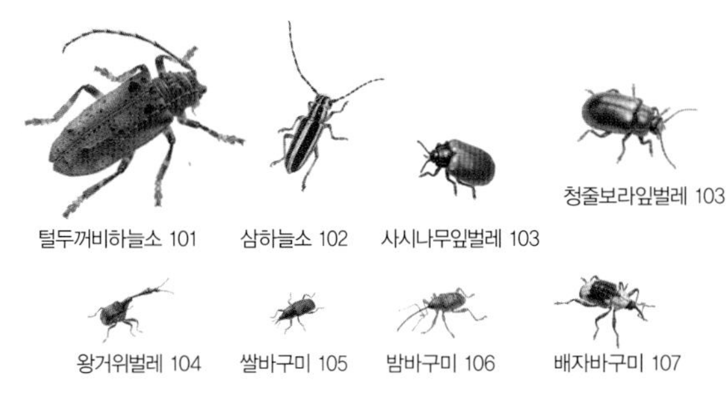
털두꺼비하늘소 101
삼하늘소 102
사시나무잎벌레 103
청줄보라잎벌레 103
왕거위벌레 104
쌀바구미 105
밤바구미 106
배자바구미 107

12. 벌목

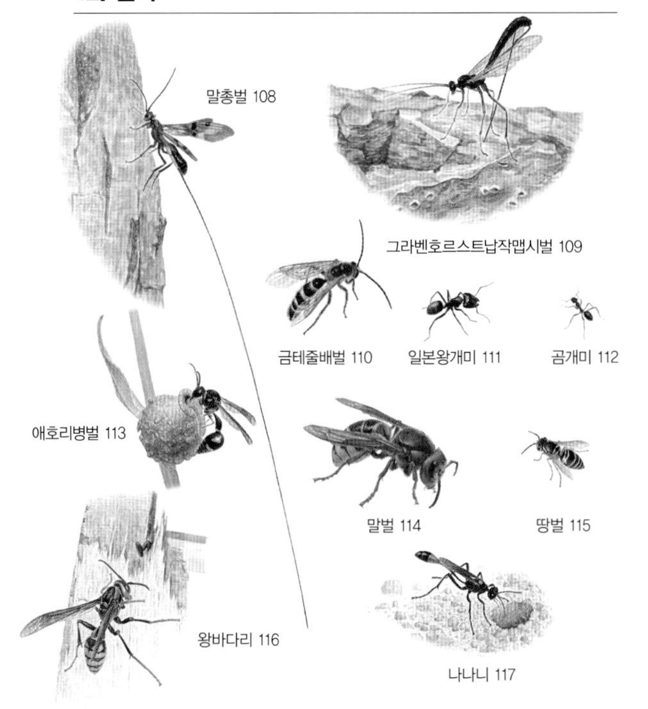
말총벌 108
그라벤호르스트납작맵시벌 109
금테줄배벌 110
일본왕개미 111
곰개미 112
애호리병벌 113
말벌 114
땅벌 115
왕바다리 116
나나니 117

호박벌 118

어리호박벌 118

양봉꿀벌 119

13. 벼룩목

벼룩 120

14. 파리목

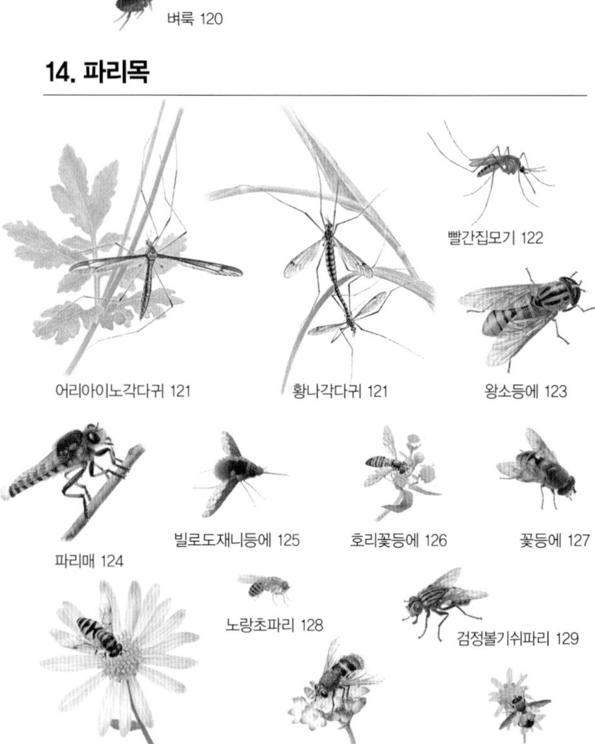
빨간집모기 122

어리아이노각다귀 121

황나각다귀 121

왕소등에 123

파리매 124

빌로도재니등에 125

호리꽃등에 126

꽃등에 127

노랑초파리 128

검정볼기쉬파리 129

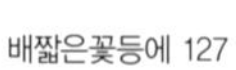
배짧은꽃등에 127

뒤영기생파리 130

중국별뚱보기생파리 131

15. 날도래목

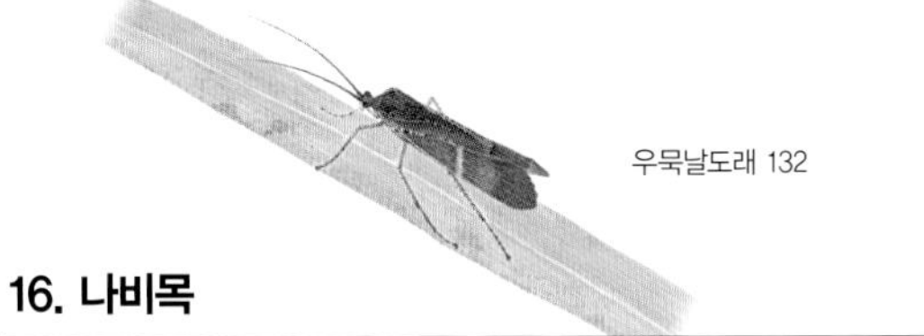

우묵날도래 132

16. 나비목

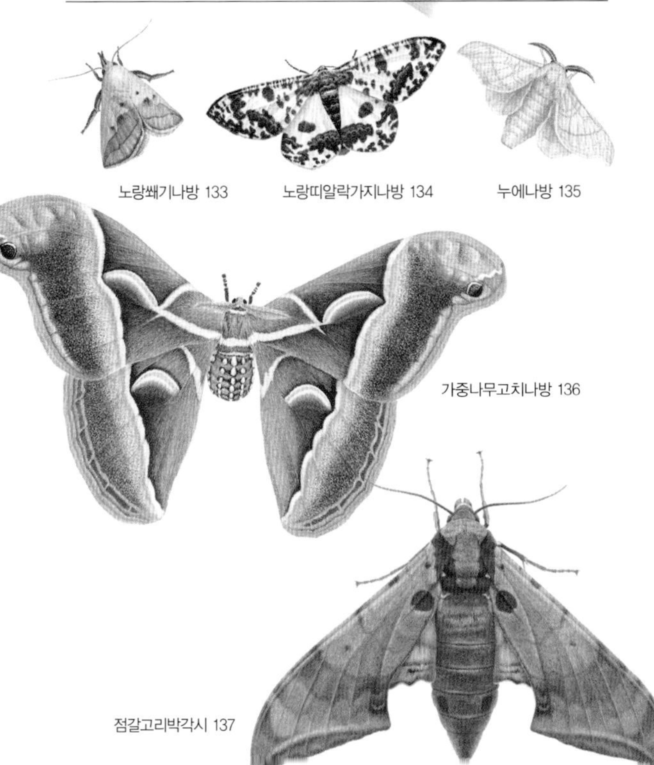

노랑쐐기나방 133

노랑띠알락가지나방 134

누에나방 135

가중나무고치나방 136

점갈고리박각시 137

작은검은꼬리박각시 138

매미나방 139

흰무늬왕불나방 140

왕자팔랑나비 141

줄점팔랑나비 142

모시나비 143

애호랑나비 144

호랑나비 145

산호랑나비 145

긴꼬리제비나비 146

각시멧노랑나비 147

노랑나비 148

배추흰나비 149

갈구리나비 150

남방부전나비 151

작은주홍부전나비 152

뿔나비 153

네발나비 154

애기세줄나비 155

산과 들에 사는 곤충

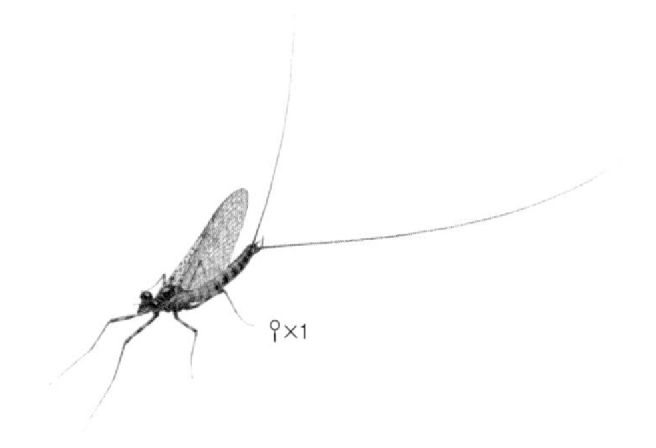

참납작하루살이 수컷 *Ecdyonurus dracon*

분류 납작하루살이과
크기 12~14mm
나타나는 때 3~9월
먹이 안 먹는다.
탈바꿈 안갖춘탈바꿈

하루살이 Ephemeroptera

하루살이는 하루만 산다고 붙은 이름이다. 실제로는 이삼 일쯤 살고 열흘까지 사는 것도 있다. 낮에는 물가나 풀숲에 있다가 해 질 무렵 강가나 호숫가에서 무리 지어 날아다닌다. 아무 것도 안 먹고 짝짓기를 하고 물속에 알을 낳은 뒤 죽는다. 애벌레는 물속에서 길게는 2~3년쯤 산다. 여름에 달려드는 조그만 날벌레를 하루살이라고 하는데, 이 벌레는 '깔따구'다. 하루살이는 사람이 다가가면 피하는데, 깔따구는 사람 앞에서 알찐거린다.

수컷 ♀×0.7

분류 물잠자리과
크기 60~62mm
나타나는 때 5~10월
먹이 작은 벌레
탈바꿈 안갖춘탈바꿈

검은물잠자리 검은실잠자리 *Atrocalopteryx atrata*

검은물잠자리는 온몸과 날개가 까맣다. 5월부터 10월까지 따뜻한 남쪽 지방에서 볼 수 있다. 물살이 느리고 물풀이 많은 물가를 좋아한다. 수컷은 다른 수컷이 오면 날개를 폈다 접었다 부채질을 하며 텃세를 부린다. 수컷끼리 쫓아다니며 서로 싸우는 일이 잦다. 암컷은 꽁무니를 물에 담근 채 물속 풀 줄기에 알을 낳는다. 한 달쯤 지나면 애벌레가 깨어 나온다. 애벌레는 물속에 살다가 물 밖으로 나와 어른벌레가 된다. 어른벌레는 겨울이 오기 전에 죽고 애벌레로 겨울을 난다.

수컷 ♀×1

분류 실잠자리과
크기 24~30mm
나타나는 때 4~9월
먹이 작은 날벌레
탈바꿈 안갖춘탈바꿈

아시아실잠자리 *Ischnura asiatica*

아시아실잠자리는 물풀이 수북하게 자란 연못이나 늪, 논, 저수지, 강가 물웅덩이에서 흔히 볼 수 있다. 다른 실잠자리보다 일찍 나와서 4월 중순부터 9월까지 날아다닌다. 짝짓기를 한 뒤 암컷 혼자 물속에 있는 물풀 줄기 속에 알을 낳는다. 일주일쯤 지나면 알에서 애벌레가 깨어 나온다. 애벌레는 물속 물풀 줄기에 붙어서 겨울을 나고 이듬해 봄에 날개돋이를 한다. 갓 날개돋이를 한 암컷은 몸빛이 빨간데 크면서 풀빛으로 바뀐다.

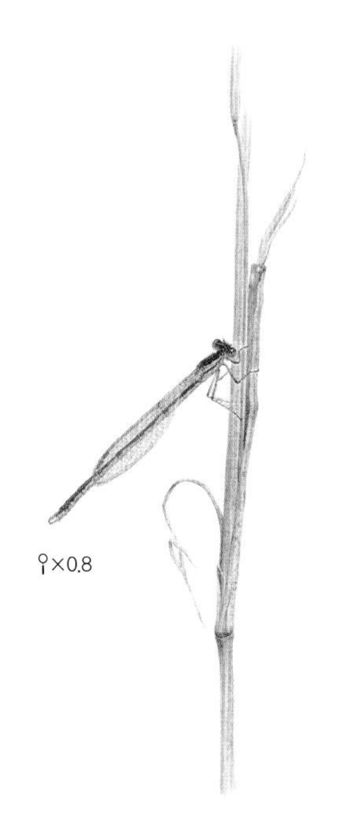

분류 청실잠자리과
크기 34~38mm
나타나는 때 4~11월
먹이 작은 날벌레
탈바꿈 안갖춘탈바꿈

가는실잠자리 *Indolestes peregrinus*

가는실잠자리는 산속 물풀이 수북이 자란 작은 웅덩이나 논, 늪에 산다. 우리나라 어디서나 볼 수 있다. 어른벌레로 겨울을 난다. 겨우내 꼼짝 않고 있다가 날씨가 따뜻해지면 날아다니며 하루살이나 날파리 같은 작은 날벌레를 잡아먹는다. 5월에 짝짓기를 하고 암컷과 수컷이 서로 이어진 채 물가 둘레 풀 줄기 속에 알을 낳는다. 일주일쯤 지나면 애벌레가 깨어 나와 물속으로 들어간다. 두 달쯤 지나면 물 밖으로 나와 날개돋이를 한다.

먹줄왕잠자리 수컷
Anax nigrofasciatus ♀×0.8

알에서 막 깨어 나온 애벌레

왕잠자리 애벌레

분류 왕잠자리과
크기 73~80mm
나타나는 때 5~10월
먹이 작은 날벌레
탈바꿈 안갖춘탈바꿈

왕잠자리 Aeshnidae

왕잠자리는 날개와 몸집이 크고 높이 난다. 5월과 10월 사이에 어디서나 흔히 볼 수 있다. 해거름에 날아다니면서 파리나 모기, 하루살이 같은 날벌레를 잡아먹는다. 잔가시가 난 긴 다리로 잽싸게 낚아채서 씹어 먹는다. 암컷은 짝짓기를 한 뒤 꽁무니를 물속에 집어넣고 물풀 줄기 속에 알을 낳는다. 애벌레도 몸집이 크다. 애벌레는 아가미가 똥구멍 안에 있어서 물을 빨아들이고 내뿜으면서 숨을 쉰다. 올챙이와 작은 물고기를 잡아먹는다.

수컷 ♀×1

물속에서 나와
날개돋이 하는 측범잠자리

분류 측범잠자리과
크기 54~56mm
나타나는 때 6~9월
먹이 작은 날벌레
탈바꿈 안갖춘탈바꿈

노란측범잠자리 갈구리측범잠자리 *Lamelligomphus ringens*

노란측범잠자리는 산골짜기를 따라 날아다니다가 골짜기로 뻗은 나뭇가지에 날개를 펴고 곧잘 내려앉는다. 가슴부터 배 끝까지 까맣고 노란 줄무늬가 뚜렷하다. 수컷 꽁무니가 갈고리처럼 생겼다고 '갈구리측범잠자리'라고도 한다. 6월에서 9월 사이에 볼 수 있다. 암컷은 물살이 느린 골짜기나 강으로 혼자 날아와 배 끝으로 물낯을 치면서 알을 낳는다. 한 달쯤 지나면 애벌레가 깨어 나온다. 애벌레는 물속에서 겨울을 난다. 어른벌레가 되면 산꼭대기까지 날아가서 작은 날벌레를 잡아먹고 산다.

수컷 ♀×1

분류 잠자리과
크기 48~54mm
나타나는 때 4~10월
먹이 작은 벌레
탈바꿈 안갖춘탈바꿈

밀잠자리 흰잠자리 *Orthetrum albistylum*

밀잠자리는 논이나 저수지처럼 고여 있는 물 가까이 산다. 봄부터 가을까지 볼 수 있다. 수컷은 가슴과 배가 푸르스름한 잿빛이고 배 끝 쪽이 까맣다. 암컷은 온몸이 누렇고 배마디에 까만 줄무늬가 있다. 날개돋이해서 나오면 산이나 들판, 마을 가까이로 날아가서 산다. 알 낳을 때가 되면 물가로 되돌아온다. 짝짓기를 한 암컷은 배 꽁무니로 물을 탁탁 치면서 알을 낳는다. 수컷은 알 낳는 암컷 위를 날면서 다른 수컷이 가까이 못 오게 지킨다.

수컷 ♀×0.8

분류 잠자리과
크기 44~50mm
나타나는 때 5~8월
먹이 날벌레
탈바꿈 안갖춘탈바꿈

고추잠자리 붉은배잠자리 *Crocothemis servilia mariannae*

고추처럼 온몸이 빨갛다고 '고추잠자리'다. 수컷은 다 자라면 눈까지 온통 빨갛고, 암컷은 누르스름하다. 물풀이 수북하게 자란 연못이나 저수지에 산다. 5월부터 8월까지 우리나라 어디서나 흔히 볼 수 있다. 자기가 사는 곳을 바쁘게 날아다니며 풀 위에 잘 내려앉는다. 짝짓기를 마친 암컷은 물낯을 꽁무니로 톡톡 치며 알을 낳는다. 일주일쯤 지나면 알에서 애벌레가 깨어 나온다. 물속에서 여러 번 허물을 벗으며 겨울을 난다. 이듬해 봄에 날개돋이 한다.

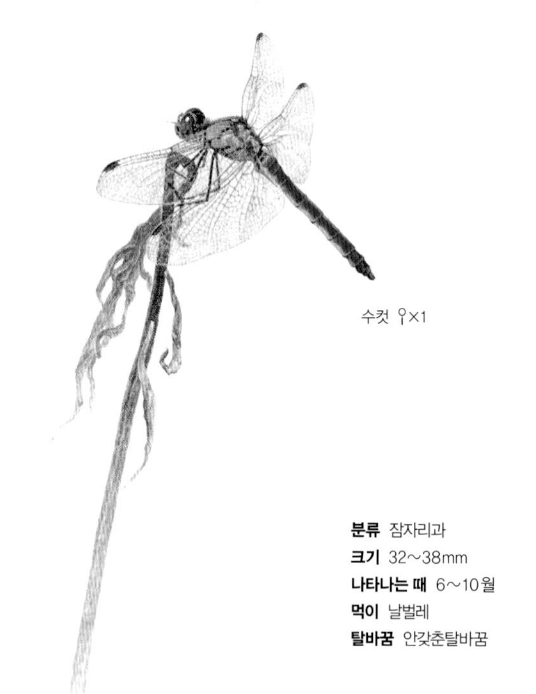

수컷 ♀×1

분류 잠자리과
크기 32~38mm
나타나는 때 6~10월
먹이 날벌레
탈바꿈 안갖춘탈바꿈

두점박이좀잠자리 *Sympetrum eroticum*

두점박이좀잠자리는 암컷과 수컷 모두 얼굴 앞에 까만 점이 두 개 있다. 수컷은 가을이 되면 배가 빨개진다. 들판이나 산에 있는 늪, 연못, 도랑, 저수지에 산다. 6월 중순부터 10월까지 어디서나 흔히 본다. 날개돋이를 하면 그 둘레 물가에 살고 수컷은 다른 수컷이 자기가 사는 곳에 못 오게 쫓아낸다. 짝짓기를 마친 암컷은 꽁무니를 물가 진흙이나 모래에 톡톡 치면서 알을 낳는다. 알로 겨울을 나고 이듬해 봄에 애벌레가 깨어 나온다. 물속에서 살다가 6월에 날개돋이 한다.

수컷 ♀×1

분류 잠자리과
크기 37~42mm
나타나는 때 6~10월
먹이 작은 벌레
탈바꿈 안갖춘탈바꿈

된장잠자리 마당잠자리[북] *Pantala flavescens*

된장잠자리는 온몸이 된장처럼 누렇다. 봄에 남쪽 바다를 건너 우리나라로 날아와 6월부터 10월 사이 어디서나 볼 수 있다. 날개가 커서 힘차게 날아다닌다. 길이나 풀밭 위를 오랫동안 왔다 갔다 날며 먹이를 잡아먹는다. 암컷은 짝짓기를 하고 난 뒤 물만 있으면 어디든 배 끝으로 물을 탁탁 치면서 알을 떨어뜨린다. 애벌레는 한 달 남짓 지나면 어른벌레가 된다. 봄부터 가을까지 네댓 번 날개돋이를 하지만 추위에 약해서 애벌레나 어른 잠자리나 겨울을 못 난다.

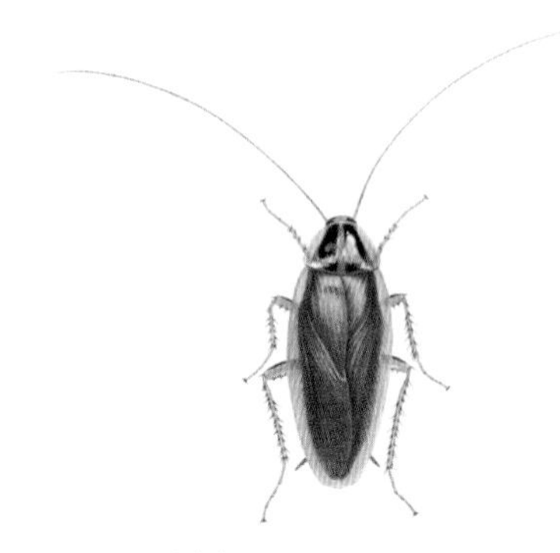

독일바퀴 *Blattella germanica* ♀×2

알 주머니에서 나오는 애벌레

분류 바퀴과
크기 10~15mm
나타나는 때 1년 내내
먹이 아무것이나 다 먹는다.
탈바꿈 안갖춘탈바꿈

바퀴 강구, 바퀴벌레 Blattellidae

바퀴는 집에서 흔히 볼 수 있다. 부엌이나 어둡고 축축한 곳에 많다. 낮에는 숨어 있다가 밤에 나와 먹이를 찾아다닌다. 음식 찌꺼기나 비누, 종이, 풀 따위를 가리지 않고 먹는다. 암컷 한 마리만 있어도 금세 몇 백 마리로 늘어난다. 몸이 납작해서 조그만 틈에도 잘 숨고 아주 재빠르다. 벽이나 천장에서도 안 떨어지고 잘 기어 다닌다. 여기 저기 옮겨 다니며 식중독 같은 병을 옮기기도 한다. 본디 열대 지방에서만 살았는데 교통이 발달하면서 온 세계로 퍼졌다.

왕사마귀 *Tenodera sinensis* ♀×0.8

왕사마귀 알집

좀사마귀 *Statilia maculata* ♀×0.5

분류 사마귀과
크기 45~80mm
나타나는 때 7~11월
먹이 벌레나 개구리
탈바꿈 안갖춘탈바꿈

사마귀 버마재비, 연가시 Mantidae

사마귀는 산길이나 밭, 집 둘레 풀숲에서 살아 있는 벌레를 잡아먹는다. 앞다리가 길며 낫처럼 구부러졌고 톱니가 있어서 벌레를 잘 잡는다. 숨어 있다가 먹이가 나타나면 앞다리를 쭉 뻗어 재빨리 낚아챈다. 개미, 벌, 나비, 잠자리를 잡아먹고 다 자란 사마귀는 개구리까지도 먹을 수 있다. 가을에 짝짓기를 하고 풀 줄기나 나뭇가지, 돌 틈에 알을 낳는다. 배 끝에서 흰 거품을 뿜어 알집을 만들고 그 속에 낳는다. 사마귀 종류마다 알집이 다르게 생겼다.

고마로브집게벌레 수컷 *Timomenus komarowi* ♀×1

알을 지키는 고마로브집게벌레 암컷

분류 집게벌레과
크기 15~22mm
나타나는 때 4~11월
먹이 작은 벌레, 새순, 꽃가루
탈바꿈 안갖춘탈바꿈

집게벌레 가위벌레[북] Forficulidae

집게벌레는 배 끝에 긴 집게가 달려 있다. 집게는 적을 쫓거나 짝짓기 할 때 쓴다. 낮에는 돌 밑이나 흙 속, 나무껍질 속에 숨어 있다가 밤에 나와 돌아다닌다. 작은 벌레를 잡아먹고 집 둘레 쓰레기도 먹는다. 짝짓기를 마친 암컷은 땅속이나 돌 밑에 방을 만들어 알을 낳고 애벌레가 깨어날 때까지 돌본다. '고마로브집게벌레'는 다른 집게벌레와 달리 낮에 돌아다닌다. 사람이 잡으면 시큼하고 고약한 냄새를 풍긴다. 어른벌레로 겨울을 난다.

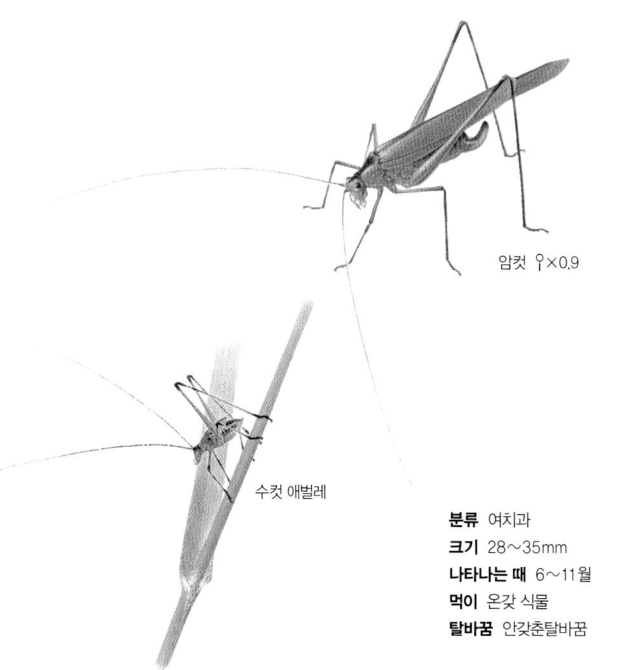

분류 여치과
크기 28~35mm
나타나는 때 6~11월
먹이 온갖 식물
탈바꿈 안갖춘탈바꿈

검은다리실베짱이 *Phaneroptera nigroantennata*

검은다리실베짱이는 우리나라 어디서나 흔히 볼 수 있다. 실베짱이와 닮았지만 뒷다리가 까매서 '검은다리'가 이름에 덧붙었다. 더듬이가 몸보다 훨씬 길다. 위험을 느끼면 재빨리 날아서 도망친다. 뒷다리를 잡히면 떼어 내고 도망친다. 수컷은 날개를 비벼 '치리릿 치리릿'하고 밤낮으로 소리를 낸다. 여치와 달리 다른 벌레를 잡아먹지 않고 풀과 꽃가루를 먹는다. 그래서 앞다리에 가시가 없다. 알로 겨울을 난다.

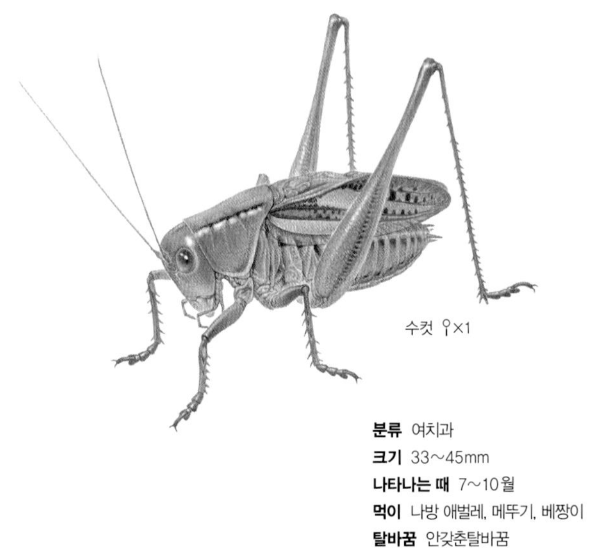

수컷 ♀×1

분류 여치과
크기 33~45mm
나타나는 때 7~10월
먹이 나방 애벌레, 메뚜기, 베짱이
탈바꿈 안갖춘탈바꿈

여치 되지여치 *Gampsocleis sedakovii obscura*

여치는 몸이 아주 크고 뚱뚱하다. 앞날개에 검은 점무늬가 뚜렷하다. 햇볕이 잘 내리쬐는 산길 둘레 덤불에 많이 산다. 풀 줄기 가운데쯤에 자주 붙어 있다. 수컷은 여름철 낮에 덤불 속에 숨어서 몸에 있는 마찰판과 날개를 비벼 '칫 찌르르 칫 찌르르'하고 줄곧 운다. 수컷이 내는 소리를 듣고 암컷이 찾아와 짝짓기를 한다. 애벌레는 풀이나 꽃가루를 먹고 어른벌레가 되면 나방 애벌레나 메뚜기를 잡아먹는다.

분류 여치과
크기 25~30mm
나타나는 때 8~10월
먹이 작은 벌레, 풀, 채소
탈바꿈 안갖춘탈바꿈

갈색여치 반날개여치 *Paratlanticus ussuriensis*

갈색여치는 온몸이 짙은 밤색이다. 날개가 짧아서 '반날개여치'라고도 한다. 잘 날지 못하는 대신 잘 뛴다. 낮에는 풀숲 그늘진 곳에 있다가 밤중에 수컷이 '치릿 치릿' 소리를 내며 돌아다닌다. 암컷은 배 끝에 긴 산란관이 있다. 다리에 가시가 있어서 나방이나 곤충 애벌레를 잘 잡아먹는다. 죽은 벌레나 과일, 채소도 갉아 먹어 농사에 해를 입히기도 한다. 여치 무리는 턱이 아주 튼튼해서 사람이 손으로 잡으면 큰턱으로 세게 깨문다. 아주 따끔하다.

분류 귀뚜라미과
크기 20~26mm
나타나는 때 8~11월
먹이 죽은 벌레, 풀
탈바꿈 안갖춘탈바꿈

왕귀뚜라미 구들배미, 귀뚜리 *Teleogryllus emma*

왕귀뚜라미는 머리가 둥글고 단단하며 몸은 납작하다. 뒷다리가 아주 커서 위험할 때 뒷다리로 펄쩍 뛰어 달아난다. 집 둘레나 풀숲, 논밭, 공원 어디에나 산다. 땅바닥을 기어 다니며 풀이나 죽은 벌레를 먹는다. 가을밤에 풀숲이나 집 둘레에서 수컷이 앞날개 두 장을 비벼 '뜨으르르르'하고 운다. 암컷은 앞다리에 있는 귀로 소리를 듣고 찾아가 짝짓기를 한다. 사람이 가까이 다가가면 소리를 뚝 그친다. 10월에 알을 낳는다. 땅속에서 알로 겨울을 난다.

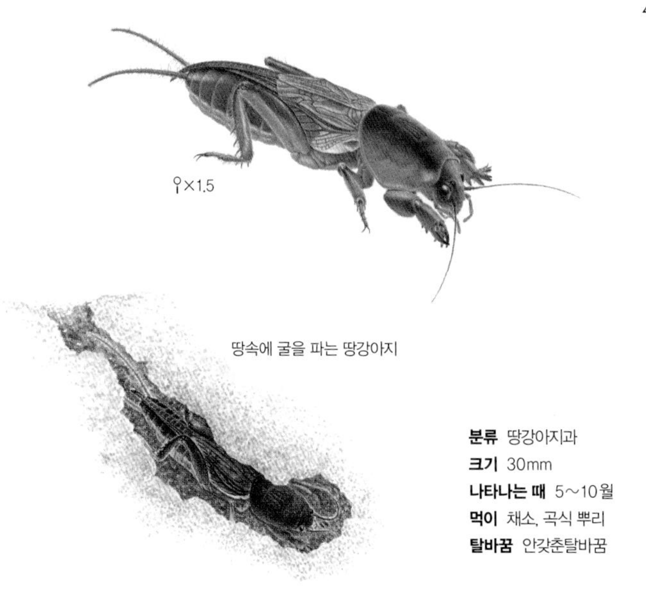

땅속에 굴을 파는 땅강아지

분류 땅강아지과
크기 30mm
나타나는 때 5~10월
먹이 채소, 곡식 뿌리
탈바꿈 안갖춘탈바꿈

땅강아지 도루래[북] *Gryllotalpa orientalis*

땅강아지는 땅속에서 굴을 파고 다니며 알도 땅속에 낳는다. 눅눅하고 부드러운 땅을 좋아한다. 앞다리가 넓적한 갈퀴처럼 생겨서 굴을 잘 판다. 땅 위로 나와도 빠르게 기어 다니고 헤엄도 잘 친다. 땅속을 파고 다니면서 옥수수, 보리, 감자, 배추 뿌리를 갉아 먹는다. 땅강아지가 다니면 채소 뿌리가 들떠서 시들다가 점점 말라 죽는다. 시골에 흔하다. 여름밤에 '츠리이이이 츠리이이이' 잇따라 길게 울고 불빛에 날아들기도 한다. 손안에 살짝 쥐면 앞다리로 헤치고 나온다.

암컷 ♀×1

짝짓기 하는 섬서구메뚜기

분류 섬서구메뚜기과
크기 암컷 50mm, 수컷 30mm
나타나는 때 6~11월
먹이 온갖 식물
탈바꿈 안갖춘탈바꿈

섬서구메뚜기 *Atractomorpha lata*

섬서구메뚜기는 여름부터 가을 사이 풀밭이나 논밭에서 흔히 본다. 방아깨비와 닮았는데 크기가 더 작다. 수컷이 암컷보다 훨씬 작은데 암컷 등에 올라타서 짝짓기 하는 모습이 꼭 어미가 새끼를 등에 업고 있는 것처럼 보인다. 들판에 자라는 풀과 나뭇잎, 논밭에서 기르는 채소나 곡식, 과일을 가리지 않고 잘 먹는다. 잎마다 구멍을 내고 옮겨 다녀서 채소 농사에 피해를 준다. 위험할 때는 곧잘 물로 뛰어들어 도망친다.

♀×1

벼 잎을 갉아 먹는 벼메뚜기

분류 메뚜기과
크기 35~45mm
나타나는 때 8~10월
먹이 벼과 식물
탈바꿈 안갖춘탈바꿈

벼메뚜기 *Oxya chinensis sinuosa*

벼메뚜기는 논이나 풀숲에 산다. 여름부터 가을 사이에 갈대가 우거진 냇가나 억새가 우거진 산길에서도 볼 수 있다. 가을에 벼가 누렇게 익으면 벼메뚜기도 몸 빛깔을 풀색에서 누런색으로 바꾼다. 벼나 옥수수, 수수 잎을 갉아 먹는데 떼로 늘어나면 농작물에 큰 피해를 준다. 가을에 짝짓기를 하고 암컷이 땅속에 알을 낳는다. 요즘은 농약을 써서 논에 가도 벼메뚜기를 보기가 어렵다. 옛날에는 벼메뚜기를 잡아서 군것질거리로 구워 먹었다.

암컷 ♀×0.8

땅속에 알을 낳는 방아깨비

분류 메뚜기과
크기 암컷 70~80mm, 수컷 40~50mm
나타나는 때 7~11월
먹이 벼과 식물
탈바꿈 안갖춘탈바꿈

방아깨비 따닥깨비 *Acrida cinerea*

방아깨비는 우리나라에 사는 메뚜기 무리 가운데 몸이 가장 길다. 머리는 아주 뾰족하고 앞으로 튀어나왔다. 섬서구메뚜기와 닮았는데, 방아깨비는 뒷다리가 몸길이보다 훨씬 길다. 뒷다리 두 개를 잡고 있으면 곡식을 찧는 방아처럼 몸을 위아래로 끄떡끄떡한다고 '방아깨비'다. 수컷은 앞날개와 뒷날개를 부딪쳐 '타타타' 소리를 내며 난다. 그 소리를 듣고 암컷이 온다. 암컷은 수컷보다 몸이 크다. 짝짓기를 할 때 수컷이 암컷 등에 올라탄다. 억새, 벼, 수수 따위를 먹는다.

분류 메뚜기과
크기 35~65mm
나타나는 때 7~11월
먹이 벼, 잔디, 억새 따위
탈바꿈 안갖춘탈바꿈

콩중이 *Gastrimargus marmoratus*

콩중이는 다른 메뚜기보다 몸도 크고 튼튼하게 생겼다. 수컷은 암컷 절반만 하다. 수컷 뒷날개는 노랗고 까만 테두리 무늬가 있어서 이리저리 날아다니며 날개 무늬로 암컷을 꾄다. 날 때는 '다라라락'하고 날개 부딪치는 소리가 난다. 아주 잘 날아서 가만히 있다가 갑자기 몸을 틀어 뒤로 날아가기도 한다. 산길이나 무덤가, 버려진 산밭 자리에서 많이 산다. 큰턱으로 벼나 잔디, 억새 따위를 갉아 먹는다. 이름과 달리 콩은 안 먹는다.

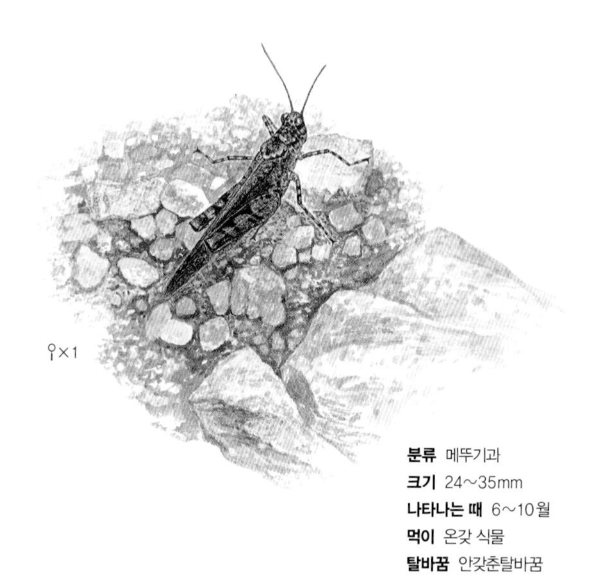

분류 메뚜기과
크기 24~35mm
나타나는 때 6~10월
먹이 온갖 식물
탈바꿈 안갖춘탈바꿈

두꺼비메뚜기 송장메뚜기 *Trilophidia annulata*

등에 오톨도톨한 혹이 여러 개 있어서 두꺼비 등 같다고 '두꺼비메뚜기'다. 몸이 얼룩덜룩한 흙빛이라서 땅바닥에 있으면 잘 안 보인다. 빛깔이 칙칙해서 '송장메뚜기'라고도 한다. 마르고 더운 곳을 좋아해서 햇볕이 뜨겁게 내리쬐는 한낮에 길가를 풀쩍풀쩍 뛰어다닌다. 산길이나 시골길, 논밭, 공원에서 쉽게 볼 수 있다. 먹이를 먹을 때만 풀숲에 들어간다. 옥수수, 억새, 감자, 담배 같은 식물 잎을 갉아 먹는다. 우리나라 어디서나 볼 수 있다.

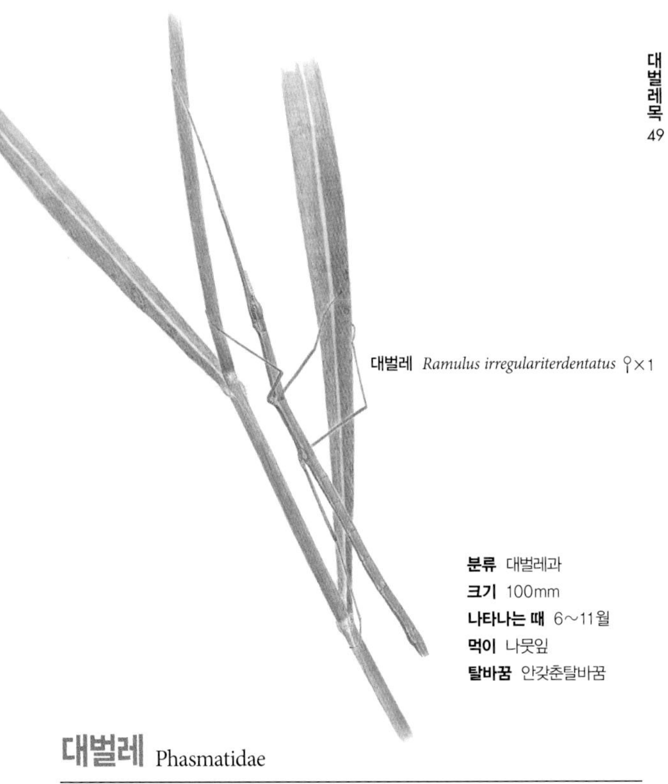

대벌레 *Ramulus irregulariterdentatus* ♀×1

분류 대벌레과
크기 100mm
나타나는 때 6~11월
먹이 나뭇잎
탈바꿈 안갖춘탈바꿈

대벌레 Phasmatidae

대벌레는 몸이 가느다랗고 마디가 있어서 작은 나뭇가지나 풀 줄기와 닮았다. 몸 빛깔도 사는 곳에 따라 옅은 밤색, 짙은 밤색, 풀색으로 여러 가지다. 적이 나타나면 나뭇가지처럼 보이려고 꼼짝 않는다. 놀라면 나무에서 떨어져 죽은 체한다. 다리를 길게 늘어뜨려서 몸에 붙이고 꼼짝 않는다. 애벌레와 어른벌레가 참나무, 싸리나무, 단풍나무 잎을 갉아 먹는다. 6월 초쯤 애벌레가 다 자라면 나뭇잎을 하도 갉아 먹어서 나무를 헐벗게 만든다.

이 *Pediculus humanus* ♀×6

머리카락에 찰싹 붙은 서캐

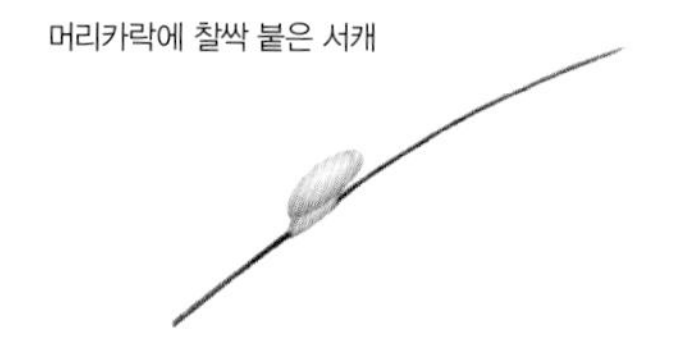

분류 이과
크기 3mm
나타나는 때 1년 내내
먹이 사람 피
탈바꿈 안갖춘탈바꿈

이 니, 물것, 해기 Pediculidae

이는 사람 몸에 붙어살면서 피를 빨아 먹는다. '몸 이'와 '머릿니'가 있다. 몸 이는 옷 솔기 속에 살아서 '옷엣니'라고도 한다. 머릿니는 머리카락에 붙어산다. 이가 있으면 근질근질하고 가렵다. 이가 머리카락이나 옷 솔기에 낳은 하얀 알을 '서캐'라고 한다. 몸 이는 옷을 삶거나 다리미로 다리면 죽는다. 머릿니는 촘촘한 참빗으로 머리를 빗어서 잡는다. 옛날에는 많았는데 지금은 거의 없다. 이 사람 저 사람 옮겨 다니면서 발진티푸스 같은 돌림병을 옮겼다.

♀×1

물고기를 잡아먹는 장구애비

분류 장구애비과
크기 30~38mm
나타나는 때 3~11월
먹이 물벌레, 물고기, 올챙이
탈바꿈 안갖춘탈바꿈

장구애비 *Laccotrephes japonensis*

장구애비는 얕은 물속에서 산다. 생김새나 빛깔이 가랑잎 같아서 물속에 쌓인 나뭇잎 사이에 있으면 잘 안 보인다. 배 끝에 있는 실처럼 길고 가느다란 대롱 끝을 물 밖에 내놓고 숨을 쉰다. 사마귀같이 앞다리가 낫처럼 생겼고 가시가 있어서 살아 있는 물벌레나 어린 물고기를 잘 잡는다. 숨어 있다가 지나가는 먹이를 앞다리로 재빨리 낚아채서 뾰족한 입을 찔러 넣고 즙을 빨아 먹는다. 물 밖으로 나와 날개를 말린 뒤 날아서 사는 곳을 옮긴다.

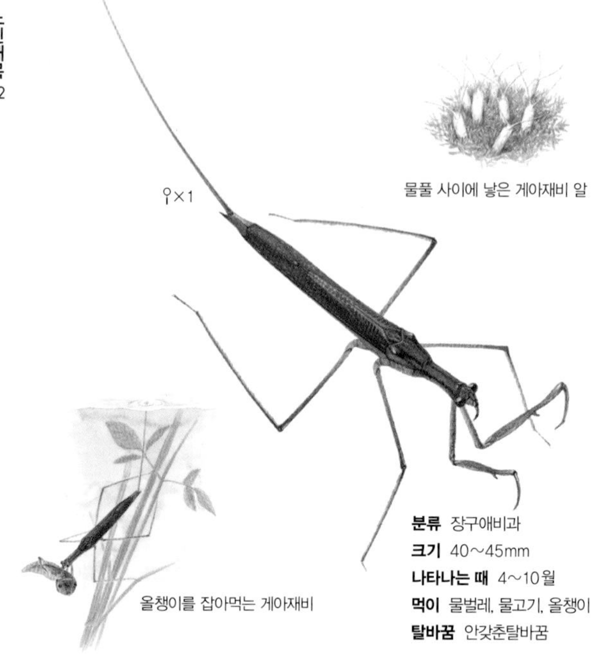

물풀 사이에 낳은 게아재비 알

올챙이를 잡아먹는 게아재비

분류 장구애비과
크기 40～45mm
나타나는 때 4～10월
먹이 물벌레, 물고기, 올챙이
탈바꿈 안갖춘탈바꿈

게아재비 물사마귀 *Ranatra chinensis*

게아재비는 장구애비처럼 물에 산다. 연못이나 웅덩이, 논에 사는데 장구애비보다 조금 더 깊은 곳에 산다. 또 장구애비보다 몸이 더 가늘고 길다. 생김새나 먹이를 잡아먹는 모습이 사마귀 같다고 '물사마귀'라고도 한다. 헤엄은 잘 못 치고 물속 바닥을 기어 다닌다. 먹이가 다가오면 낫처럼 생긴 앞다리로 재빠르게 낚아챈다. 작은 물고기나 올챙이나 물벌레를 잡아서 침처럼 뾰족한 입을 찔러 넣고 즙을 빨아 먹는다.

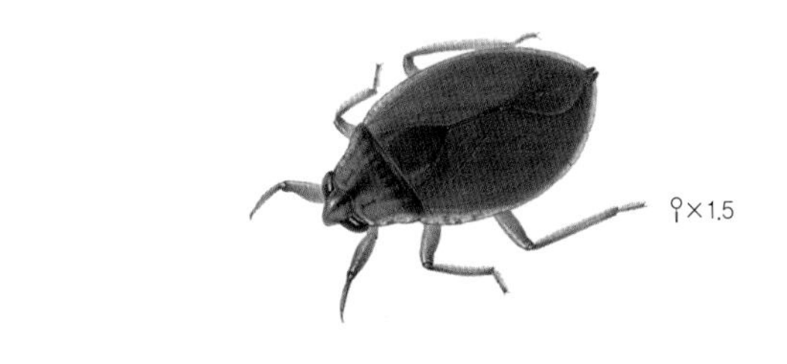

등에 알을 진 수컷

분류 물장군과
크기 17~20mm
나타나는 때 4~10월
먹이 물벌레
탈바꿈 안갖춘탈바꿈

물자라 알지기[북] *Appasus japonicus*

물자라는 물장군과 닮았는데 더 작다. 몸이 둥글넓적하고 머리가 작고 앞다리가 짧다. 물풀 사이에 숨어 있다가 먹이가 다가오면 낫처럼 생긴 앞다리로 재빨리 잡는다. 앞다리가 작아서 자기보다 큰 먹이는 못 잡는다. 하지만 헤엄은 곧잘 친다. 짝짓기를 마친 암컷은 수컷 등에 알을 낳는다. 수컷은 등에 알이 꽉 찰 때까지 여러 번 짝짓기를 한다. 예전에는 논이나 물웅덩이에 흔했는데 요즘에는 농약을 쳐서 보기 힘들다.

♀×1

나무줄기에 붙여 놓은
물장군 알

개구리를 잡아먹는 물장군

분류 물장군과
크기 48~65mm
나타나는 때 5~9월
먹이 물고기, 개구리
탈바꿈 안갖춘탈바꿈

물장군 물소, 물강구 *Lethocerus deyrolli*

물장군은 물속 곤충 가운데 가장 크고 힘이 세다. 물풀 줄기에 거꾸로 매달려 가만히 있다가 물고기나 개구리가 다가오면 앞다리로 재빨리 낚아챈다. 먹이를 잡으면 바늘 같은 입을 찔러 넣고 즙을 빨아 먹는다. 숨을 쉴 때는 배 끝에 있는 숨관을 물 밖으로 내놓고 숨을 쉰다. 여름 들머리에 암컷이 물풀 줄기에 알을 100개쯤 낳는다. 그러면 수컷이 곁에서 알을 지킨다. 논이나 저수지에 많이 살았는데 요즘은 농약을 쳐서 보기 어렵다.

소금쟁이를 잡아먹는
송장헤엄치개

분류 송장헤엄치개과
크기 11~14mm
나타나는 때 4~10월
먹이 소금쟁이, 어린 물고기, 올챙이
탈바꿈 안갖춘탈바꿈

송장헤엄치개 물송장 *Notonecta triguttata*

송장헤엄치개는 연못이나 웅덩이처럼 고인 물에서 산다. 물낯 바로 밑에서 몸을 거꾸로 뒤집고 하늘을 보고 누워서 헤엄친다. 긴 뒷다리를 노처럼 젓는다. 날카로운 발톱이 있는 앞다리로 물 위에 떠 있는 작은 벌레를 낚아채서 물속으로 끌어들인다. 그리고는 바늘처럼 생긴 입을 꽂아 즙을 빨아 먹는다. 맑은 날에는 물 밖으로 나와서 날개를 말린 뒤 멀리 날아가기도 한다. 알을 낳아 물속에 있는 바위나 물풀 줄기에 붙여 놓는다.

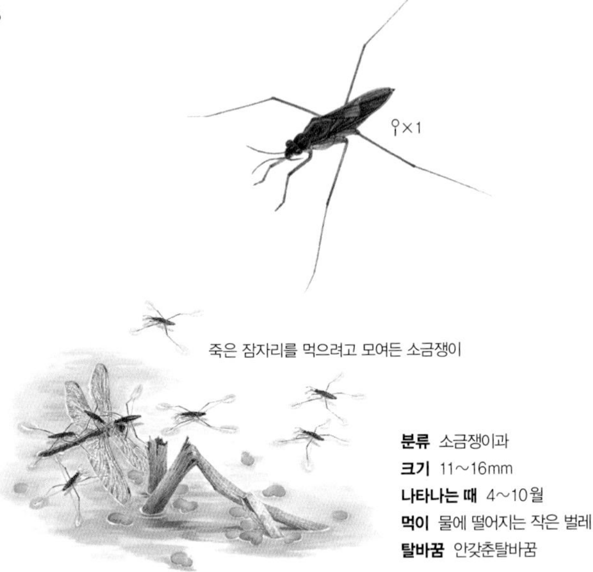

죽은 잠자리를 먹으려고 모여든 소금쟁이

분류 소금쟁이과
크기 11~16mm
나타나는 때 4~10월
먹이 물에 떨어지는 작은 벌레
탈바꿈 안갖춘탈바꿈

소금쟁이 소금장수, 물거미 *Aquarius paludum*

소금쟁이는 논이나 연못, 개울에서 물낯을 미끄러지듯 걸어 다닌다. 몸이 가볍고 다리에 잔털이 많아서 물에 안 빠진다. 물에 떨어지는 작은 벌레를 잡아서 즙을 빨아 먹는다. 먹이가 물에 떨어져 잔물결이 조금만 일어도 금세 알아챈다. 죽은 물고기나 벌레가 있으면 떼로 몰려와 먹는다. 논에 사는 소금쟁이는 벼를 갉아 먹는 멸구와 나방을 잡아먹어서 벼농사에 도움을 준다. 겁이 많아서 다가가면 재빨리 도망간다.

분류 허리노린재과
크기 9~11mm
나타나는 때 5~10월
먹이 풀이나 나무즙
탈바꿈 안갖춘탈바꿈

시골가시허리노린재 *Cletus punctiger*

시골가시허리노린재는 5월에서 10월 사이 풀밭에 많다. 몸집이 작고 납작하다. 색깔은 마른 보리 이삭 같고 잘 날아다닌다. 앞가슴 양쪽 모서리가 가시처럼 뾰족하게 돋아 있다. 등 가운데는 허리처럼 잘록하다. 적이 덤비면 누린내를 풍겨서 쫓는다. 애벌레 때는 냄새샘이 배 등쪽에 있다가 어른벌레가 되면 배 아래쪽으로 옮겨간다. 보리, 벼, 밀, 감나무 따위에 붙어서 즙을 빨아 먹는다. 줄기에 많이 붙고 잎이나 열매에서도 즙을 빨아서 농사에 피해를 준다.

수컷 ♀×1.5

분류 허리노린재과
크기 19~25mm
나타나는 때 5~10월
먹이 풀이나 나무즙
탈바꿈 안갖춘탈바꿈

큰허리노린재 *Molipteryx fuliginosa*

큰허리노린재는 들이나 낮은 산, 밭 둘레에 있는 작은키나무에 많다. 5월에서 10월 사이에 나타난다. 노린재 가운데 큰 편이다. 어깨처럼 생긴 앞가슴등판이 크고 넓적하다. 그 양끝 모서리는 앞쪽으로 툭 불거져 나왔고 가장자리가 톱니처럼 우툴두툴하다. 앞날개가 좁아 배가 날개 양옆으로 둥글게 튀어나온다. 콩, 벼, 머위, 엉겅퀴, 참나무 따위에 붙어 즙을 빨아 먹는다. 손으로 잡으면 시큼한 냄새를 풍긴다. 어른벌레로 겨울을 난다.

콩잎에 앉은 톱다리개미허리노린재

분류 호리허리노린재과
크기 14~17mm
나타나는 때 6~9월
먹이 콩 꼬투리, 팥, 벼, 칡, 과일
탈바꿈 안갖춘탈바꿈

톱다리개미허리노린재 콩허리노린재[북] *Riptortus clavatus*

톱다리개미허리노린재는 6월에서 9월 사이 콩밭에서 많이 볼 수 있다. 북한에서는 콩밭에 많다고 '콩허리노린재'라고 한다. 몸이 날씬하고 뒷다리 안쪽에 톱날 같은 가시가 많다. 날갯짓이 빠르고 날쌔서 꼭 벌이 나는 것 같다. 콩이 어릴 때 잎이나 줄기를 빨아 먹고 콩 꼬투리가 달리면 꼬투리에 주둥이를 찔러 넣고 덜 여문 콩에서 즙을 빨아 먹는다. 노린재가 빨아 먹으면 콩알이 안 자란다. 콩 말고도 벼나 보리, 팥이나 칡도 빨아 먹는다.

풀에 앉은 알락수염노린재

분류 노린재과
크기 11~14mm
나타나는 때 3~11월
먹이 콩과, 벼과 식물, 과일
탈바꿈 안갖춘탈바꿈

알락수염노린재 *Dolycoris baccarum*

알락수염노린재는 이른 봄부터 늦가을까지 바닷가 풀숲이나 논밭, 낮은 산어귀에서 흔히 본다. 뒤뚱뒤뚱 기어 다니면서 풀에서 즙을 빨고, 날아서 다른 풀로 옮겨간다. 풀이나 나뭇잎을 가리지 않고 먹는다. 봄에는 배추 잎이나 무 잎을 빨아 먹고 가을에는 콩, 참깨, 벼, 귤, 단감을 빨아 먹어서 농사에 피해를 준다. 사마귀나 개구리 같은 천적이 나타나면 누린내를 뿜는다. 풀숲에서 어른벌레로 겨울을 나는데, 집 안에 날아들기도 한다.

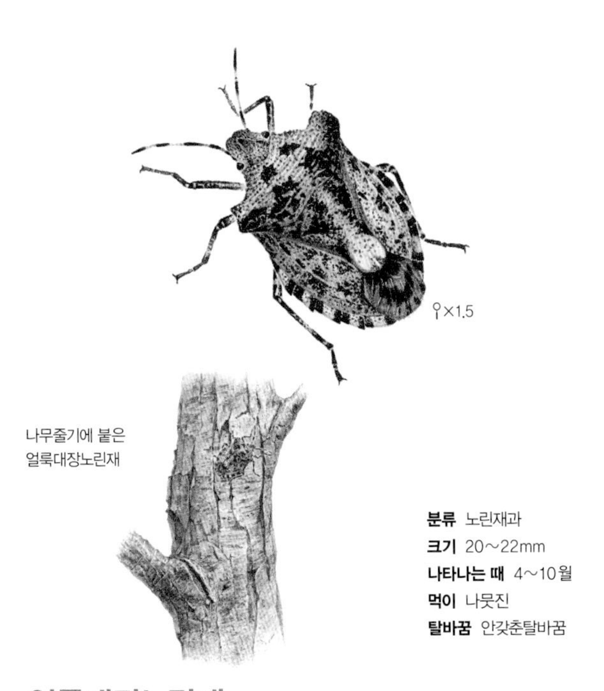

나무줄기에 붙은
얼룩대장노린재

분류 노린재과
크기 20~22mm
나타나는 때 4~10월
먹이 나뭇진
탈바꿈 안갖춘탈바꿈

얼룩대장노린재 *Placosternum esakii*

얼룩대장노린재는 봄부터 가을까지 볼 수 있다. 다른 노린재와 달리 나무가 많은 숲 속에 살고 흔하지 않다. 몸집이 크고 넓적하고 튼튼하게 생겼다. 온몸이 잿빛 밤색이고 까만 무늬가 얼룩덜룩 퍼져 있어서 나무 껍질과 똑 닮았다. 몸이 무거워서 잘 날지 않는다. 튼튼한 주둥이를 잎 뒷면이나 나뭇가지에 꽂고 즙을 빨아 먹는다. 갈참나무나 플라타너스 같은 나무에 산다. 건드리면 꼼짝 않고 죽은 척한다. 나무껍질 틈에서 어른벌레로 겨울을 난다.

끝검은말매미충 *Bothrogonia japonica* ♀×2

애벌레

나뭇잎에 붙은
끝검은말매미충

분류 매미충과
크기 11~13mm
나타나는 때 4~10월
먹이 식물 즙
탈바꿈 안갖춘탈바꿈

매미충 Cicadellidae

매미충은 매미와 닮았는데 크기가 아주 작다. 매미와 달리 소리 내 울지 않는다. '끝검은말매미충'은 온몸이 샛노랗고 날개 끝만 까맣다. 가을에 나와서 이듬해 봄까지 산다. 우리나라에 사는 말매미충 가운데 가장 크다. 날개 힘이 좋아서 멀리 날아간다. 입 모양이 매미처럼 대롱같이 생겨서 잎이나 줄기에 찔러 넣고 즙을 빨아 먹는다. 먹으면서 물 같은 똥을 찍찍 싼다. 사람이 다가가면 슬금슬금 옆 걸음질 치면서 잎 뒤로 숨는다. 어디서나 잘 산다.

벼 잎을 빨아 먹는 벼멸구

분류 멸구과
크기 3~5mm
나타나는 때 6~7월
먹이 벼 즙
탈바꿈 안갖춘탈바꿈

벼멸구 밤색깡충이[북] *Nilaparvata lugens*

벼멸구는 벼농사에 큰 해를 끼치는 곤충이다. 해마다 6~7월에 바람을 타고 중국에서 날아온다. 전라남도나 서해 바닷가 논에 먼저 나타나서 충청도나 경기도로 올라온다. 애벌레 때부터 벼 포기 밑에 붙어서 뾰족한 침으로 즙을 빨아 먹는다. 그러면 벼가 밑동부터 누렇게 되면서 말라 죽거나 포기 가운데가 부러진다. 심하면 쌀농사를 망친다. 벼멸구를 없애려고 농약을 많이 쳤지만, 요즘에는 논에 오리를 키우거나 거미 같은 천적을 이용해 잡기도 한다. 우리나라에서 겨울을 나지 못하고 모두 죽는다.

수컷 ♀×0.7

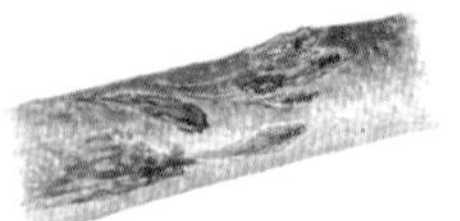
말매미가 알을 낳아 놓은 나무줄기

나무줄기 속에 낳은 말매미 알

분류 매미과
크기 40~48mm
나타나는 때 6~10월
먹이 나무즙
탈바꿈 안갖춘탈바꿈

말매미 검은매미[북], 왕매미 *Cryptotympana atrata*

말매미는 우리나라에 사는 매미 가운데 가장 크다. 울음소리도 우렁차다. 여름이면 '차르르르'하고 길게 이어서 운다. 넓게 트인 들판이나 길가 나무에 많다. 대롱처럼 기다란 주둥이로 나뭇가지를 찔러서 즙을 빨아 먹는다. 과수원에 말매미가 퍼지면 농사를 망친다. 암컷이 나뭇가지 속에 알을 낳으면 그대로 겨울을 나서 이듬해 애벌레가 깨어 나온다. 애벌레는 땅속에 들어가 나무뿌리 즙을 빨아 먹으며 3~5년을 산다. 어른벌레는 서너 주쯤 산다.

분류 매미과
크기 24~28mm
나타나는 때 7~9월
먹이 나무즙
탈바꿈 안갖춘탈바꿈

유지매미 기름매미[북] *Graptopsaltria nigrofuscata*

유지매미는 들이나 낮은 산에 있는 울창한 숲에 많다. 7월 초부터 9월 중순까지 '지글지글'하며 운다. 처음에는 굵은 소리로 천천히 울다가 점점 빨라지면서 높아지다가 다시 낮아지면서 멎는다. 우는 소리가 기름 끓는 소리 같다고 '기름매미'라고도 한다. 낮에는 쉬엄쉬엄 울고 해거름에는 왁자그르르 운다. 숲 둘레 집까지 날아와 운다. 다른 매미처럼 땅속으로 들어간 애벌레는 나무뿌리에 붙어 즙을 빨아 먹으며 서너 해를 지낸다.

분류 매미과
크기 20~28mm
나타나는 때 6~9월
먹이 나무즙
탈바꿈 안갖춘탈바꿈

털매미 *Platypleura kaempferi*

털매미는 참매미나 유지매미보다 몸집이 작다. 온몸이 짧은 털로 덮여 있어서 '털매미'라고 한다. 몸과 날개에 얼룩덜룩한 무늬가 있어서 나무에 앉아 있으면 눈에 잘 안 띈다. 6월부터 9월 사이 들이나 낮은 산에서 볼 수 있다. '찌이이이'하고 소리가 낮아지다가 갑자기 높아지기를 되풀이해서 운다. 아침부터 해거름까지 날씨를 안 가리고 운다. 과일나무나 미루나무, 느티나무에 붙어 즙을 빨아 먹는다.

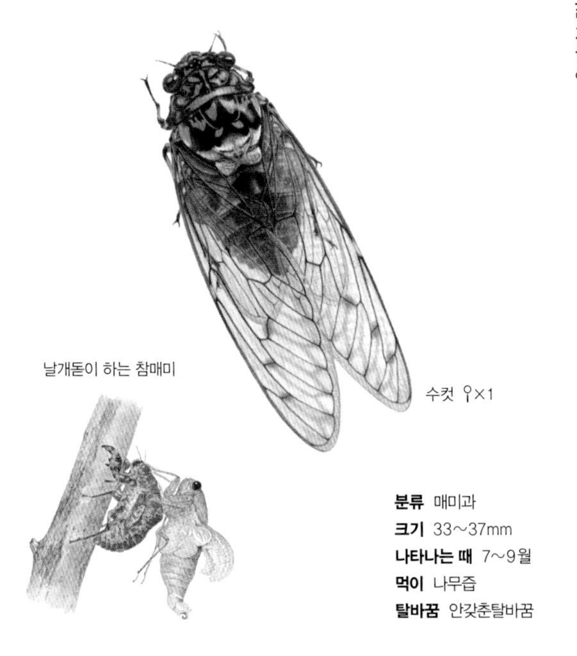

분류 매미과
크기 33~37mm
나타나는 때 7~9월
먹이 나무즙
탈바꿈 안갖춘탈바꿈

참매미 *Sonata fuscata*

참매미는 우리나라 어디서나 볼 수 있다. 벚나무, 참나무, 소나무에 흔하다. 나무 높은 곳이나 낮은 곳을 안 가리고 잘 앉는다. 7월 초에서 9월 중순까지 나타난다. '맴 맴 맴 매앰' 하고 울다가 '맴…' 하면서 울음을 그친다. 맑은 날 해뜰참에 가장 왁자하게 운다. 수컷이 울고 있는 나무에 다른 수컷과 암컷들이 날아와 모이거나, 한번 울고 다른 나무로 날아가기도 한다. 애벌레는 땅속에서 2~4년을 살고, 어른벌레는 서너 주쯤 산다.

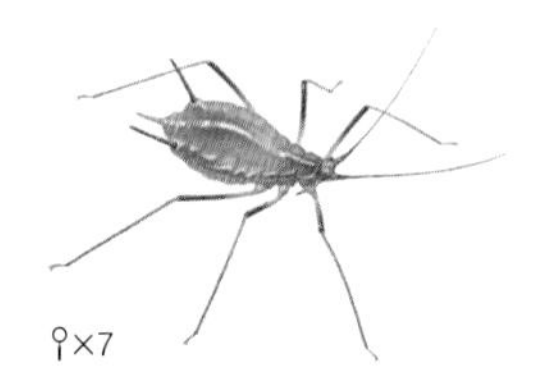
♀×7

분류 진딧물과
크기 1~3mm
나타나는 때 4~10월
먹이 식물 즙
탈바꿈 안갖춘탈바꿈

진딧물 뜨물, 비리, 진디 Aphididae

진딧물은 나무와 풀에 다닥다닥 붙어 즙을 빨아 먹는다. 크기는 깨알만큼 작지만 금세 퍼진다. 봄부터 6월까지 많아지다가 비가 많이 오고 무더운 한여름에 줄어든다. 8월 중순이 지나면 다시 많아진다. 연한 상추와 고춧잎, 옥수숫대 같은 곳에 붙어 즙을 빤다. 진딧물이 퍼지면 잎은 더 자라지 못하고 말라 죽는다. 또 진딧물이 즙을 빨고 나면 그 식물은 병에 잘 걸린다. 무당벌레가 진딧물을 잡아먹는데, 개미가 진딧물이 내놓은 단물을 먹으려고 지켜준다.

분류 풀잠자리과
크기 13~15mm
나타나는 때 5~8월
먹이 진딧물, 응애, 깍지벌레
탈바꿈 갖춘탈바꿈

풀잠자리 Chrysopidae

풀잠자리는 몸집이 작고 풀빛이다. 앉을 때는 날개를 접고 앉는다. 늦은 봄부터 가을 들머리까지 밭이나 과수원, 낮은 산어귀에서 볼 수 있다. 진딧물이나 응애, 깍지벌레를 잡아먹어서 농사에 큰 도움을 준다. 사마귀나 개구리 같은 천적이 나타나면 몸에서 누린내를 풍겨 쫓는다. 물속에 알을 낳는 잠자리와 달리 풀잎이나 나뭇잎에 알을 낳는다. 알은 가느다란 실 끝에 하나씩 매달려 있다. 알에서 깨어 나온 애벌레도 진딧물을 잘 잡아먹는다.

함정을 파고 개미를 잡아먹는 개미귀신

명주잠자리 애벌레 '개미귀신'

분류 명주잠자리과
크기 40mm
나타나는 때 5~9월
먹이 작은 날벌레
탈바꿈 갖춘탈바꿈

명주잠자리 만만이[북], 서생원 *Baliga micans*

명주잠자리는 잠자리와 많이 닮았다. 숲 속 그늘지고 어두운 곳에서 큰 날개를 너풀거리며 난다. 더듬이가 굵고 사람 눈썹 같다. 앉을 때는 날개를 접어 배 위에 붙인다. 날개는 투명하고 명주처럼 부드럽다. 애벌레를 '개미귀신'이라고 하는데, '개미지옥'이라는 작은 모래 함정을 파서 개미를 잡는다. 함정에 개미나 잎벌레, 쥐며느리 따위가 빠지면 큰턱으로 흙을 날리듯 던져서 벌레가 못 빠져나가게 한다. 먹이를 잡으면 즙을 빨아 먹고 껍질만 밖으로 내버린다.

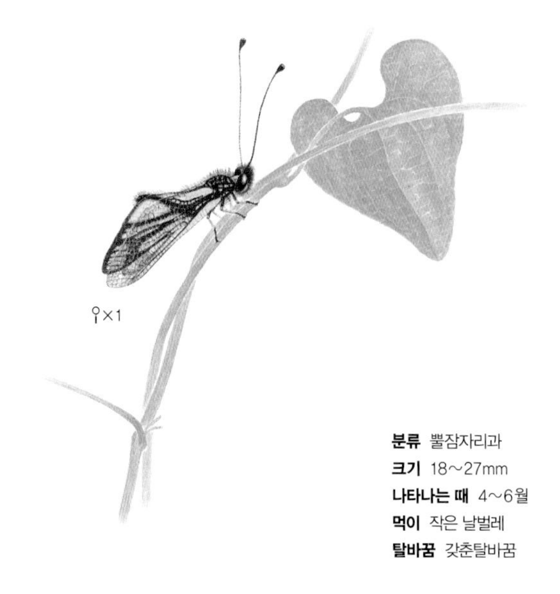

분류 뿔잠자리과
크기 18~27mm
나타나는 때 4~6월
먹이 작은 날벌레
탈바꿈 갖춘탈바꿈

노랑뿔잠자리 *Libelloides sibiricus*

노랑뿔잠자리는 4월 말부터 6월까지 사방이 확 트인 들판이나 풀밭에 나타난다. 노란 날개에 까만 줄무늬가 있다. 앞날개 끝자락이 투명해서 날개를 접고 앉아 있으면 뒷날개가 비친다. 햇빛이 잘 드는 곳에서 날개를 반쯤 벌리고 앉기도 한다. 암컷은 짝짓기를 하고 억새 같은 풀 줄기에 알을 낳는다. 잠자리 애벌레는 물속에서 살지만 노랑뿔잠자리 애벌레는 땅 위 풀숲이나 돌 밑에 살면서 작은 벌레를 잡아먹는다. 요즘은 보기 어렵다.

좀길앞잡이 *Cicindela japana* ♀×1.5

분류 길앞잡이아과
크기 15~19mm
나타나는 때 4~9월
먹이 작은 벌레
탈바꿈 갖춘탈바꿈

길앞잡이 Cicindelinae

길앞잡이는 늦봄부터 여름 들머리에 산길에서 흔히 본다. 길 위에 앉았다가 다가가면 푸르륵 날아서 다시 앞에 앉는다. 그 모습이 꼭 길을 알려 주는 것 같다고 '길앞잡이'다. 땅 위를 빠르게 날거나 뛰어다니면서 작은 벌레를 잡아먹는다. 애벌레는 땅속으로 곧게 굴을 파고 산다. 작은 벌레가 지나가면 튀어 올라 잡는다. '좀길앞잡이' 는 낮은 산이나 들에 많다. 봄부터 6월까지 볼 수 있고, 9월이 되면 다시 나타난다.

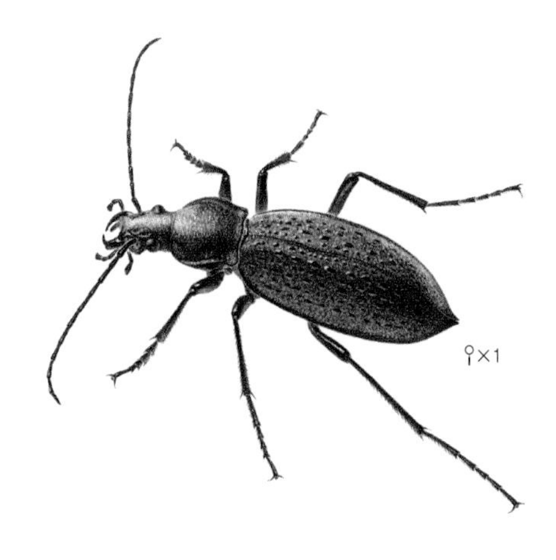

분류 딱정벌레과
크기 25~45mm
나타나는 때 5~9월
먹이 지렁이, 달팽이 같은 작은 동물
탈바꿈 갖춘탈바꿈

홍단딱정벌레 청단딱정벌레 *Coptolabrus smaragdinus*

홍단딱정벌레는 큰 나무들이 많이 우거진 그늘진 산속에서 산다. 딱정벌레 무리 가운데 몸집이 아주 큰 편이어서 몸길이가 4cm 넘는 것도 있다. 한여름에 가장 많이 볼 수 있다. 축축한 땅 위를 기어 다니면서 벌레나 달팽이, 지렁이 같은 작은 동물을 잡아먹는다. 달팽이를 잡으면 이빨로 뚜껑을 뜯어내고 속살을 파먹는다. 나무에 기어 올라가 큰 나방을 잡아먹기도 한다. 잘 걷지만 날지는 못한다. 앞날개는 두꺼운 딱지날개로 바뀌었고 뒷날개는 없다.

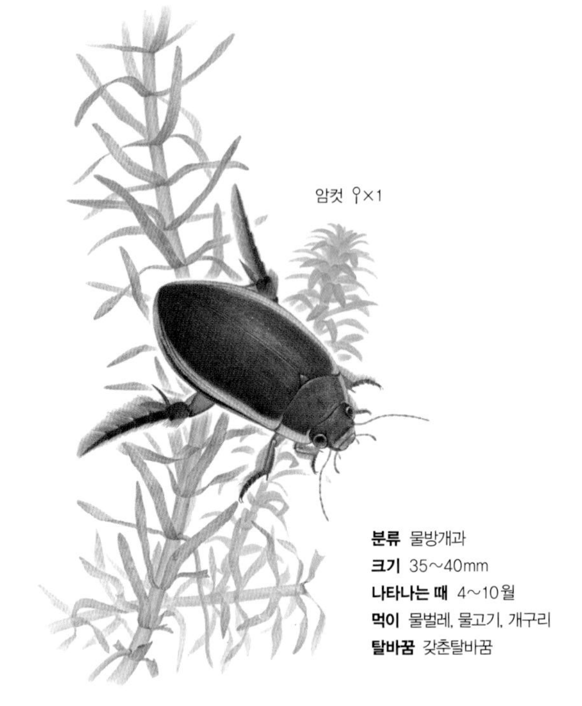

분류 물방개과
크기 35~40mm
나타나는 때 4~10월
먹이 물벌레, 물고기, 개구리
탈바꿈 갖춘탈바꿈

물방개 기름도치[북], 물강구 *Cybister japonicus*

물방개는 연못이나 웅덩이, 논이나 도랑에 산다. 물이 얕고 물풀이 있는 곳을 좋아한다. 뒷다리가 배를 젓는 노처럼 생기고 가는 털이 있어서 빠르고 힘차게 헤엄친다. 물벌레나 물고기, 달팽이를 잡아먹는다. 딱지날개 밑이나 다리와 몸통 사이에 공기 방울을 만들어 숨을 쉰다. 공기가 탁해지면 배 끝을 물 밖으로 내놓고 맑은 공기로 바꾼다. 암컷은 딱지날개에 가는 주름이 있고 수컷은 딱지날개가 기름을 칠한 듯 반질거린다. 물이 더러워지면서 지금은 많이 사라졌다.

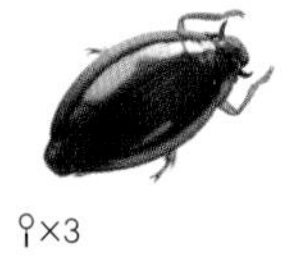

♀×3

물 위를 맴도는 물맴이

분류 물맴이과
크기 6~7mm
나타나는 때 3~10월
먹이 물 위에 떨어지는 벌레
탈바꿈 갖춘탈바꿈

물맴이 물무당 *Gyrinus japonicus*

물맴이는 고여 있거나 천천히 흐르는 물에서 산다. 물 위를 재빠르게 헤엄치며 이리저리 방향을 바꾸거나 원을 그리며 뱅글뱅글 맴돈다. 그러다가 물 위로 떨어지는 벌레를 잡아먹는다. 눈이 위아래로 나뉘어 있는데 위쪽 눈은 날아다니는 곤충을 보고, 아래쪽 눈은 물에 떨어진 먹이를 본다. 앞다리는 크고 튼튼해서 먹이를 잡기 좋다. 가운뎃다리와 뒷다리는 넓적한 노처럼 생겨서 헤엄을 잘 친다. 위험할 때는 물속으로 숨는다.

잔물땡땡이 *Hydrochara affinis* ♀×2

분류 물땡땡이과
크기 15~18mm
나타나는 때 4~10월
먹이 물풀
탈바꿈 갖춘탈바꿈

물땡땡이 보리방개 Hydrophilidae

물땡땡이는 연못이나 논처럼 고인 물에서 산다. 봄부터 가을까지 볼 수 있다. 물방개보다 조금 작고 느리게 헤엄친다. 우리나라에는 물땡땡이 무리가 서른 종쯤 산다. '잔물땡땡이' 애벌레는 작은 벌레를 잡아먹고, 어른벌레는 물풀이나 가랑잎, 썩은 풀을 먹는다. '물땡땡이'는 더 크고 등이 높다. 물땡땡이 무리는 물속에 사는 종이 많지만 물 가까운 땅속에 살기도 한다. 썩은 풀이나 똥을 먹고 살아서 청소부 노릇을 한다.

큰넓적송장벌레 암컷
Eusilpha jakowlewi ♀×2

죽은 지렁이에 모인 송장벌레

분류 송장벌레과
크기 17~23mm
나타나는 때 5~8월
먹이 죽은 동물
탈바꿈 갖춘탈바꿈

송장벌레 Silphidae

송장벌레는 흔히 죽은 동물을 먹고 그 속에 알을 낳는다. 그래서 '송장벌레'라는 이름이 붙었다. 봄부터 가을 사이에 볼 수 있는데 여름에 많다. 새나 쥐, 뱀 같은 동물이 죽으면 밤에 냄새를 맡고 모여든다. 암컷과 수컷이 죽은 동물 바로 밑에 들어가서 구덩이를 파고 먹잇감을 땅속에 묻는다. 다 묻고 나면 짝짓기를 하고 그 속에 알을 낳는다. 알에서 깨어난 애벌레는 죽은 동물을 먹고 자란다. 살아 있는 나비나 나방 애벌레를 잡아먹는 것도 있다.

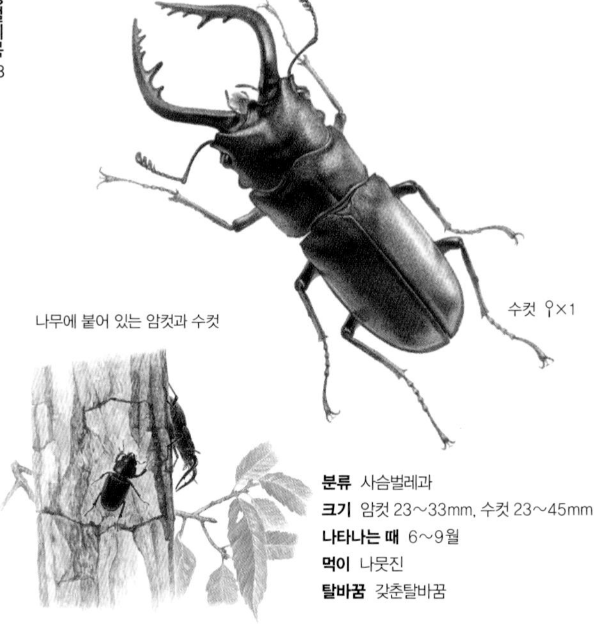

나무에 붙어 있는 암컷과 수컷

분류 사슴벌레과
크기 암컷 23~33mm, 수컷 23~45mm
나타나는 때 6~9월
먹이 나뭇진
탈바꿈 갖춘탈바꿈

톱사슴벌레 집게벌레 *Prosopocoilus inclinatus*

톱사슴벌레 수컷은 큰턱이 앞으로 길게 뻗어 있다. 큰턱 안쪽에 작은 돌기가 나서 사슴이나 노루 뿔처럼 보인다. 이 턱으로 암컷을 차지하려고 싸우거나 먹이를 두고 다른 벌레와 싸운다. 큰턱으로 상대를 잡고 들어 올려 던지거나 꽉 문다. 암컷은 큰턱이 없다. 참나무에서 흘러나오는 진을 먹는데, 솔처럼 생긴 혀로 핥아 먹는다. 암컷은 나무둥치 밑을 파서 알을 하나씩 낳고 흙으로 덮는다. 애벌레는 죽은 나무속을 파먹으며 자라서 여름에 어른벌레가 된다.

♀×2

분류 금풍뎅이과
크기 14~20mm
나타나는 때 6~9월
먹이 동물 똥, 죽은 동물
탈바꿈 갖춘탈바꿈

보라금풍뎅이 *Chromogeotrupes auratus*

보라금풍뎅이는 소똥구리처럼 똥을 먹고 산다. 조금 마른 소똥을 들춰 보면 밑에 모여 있다. 몸은 공처럼 동글동글하고 보랏빛으로 반짝인다. 금빛이 도는 풀색이나 자주색도 있다. 똥을 둥글게 만들어서 똥 속에 알을 낳는다. 애벌레는 똥을 먹고 자라다가 겨울을 나고 이듬해 봄에 어른벌레가 된다. 강원도 북쪽 지방에 많다. 남쪽에서는 지리산처럼 높은 산에서 볼 수 있다. 높은 산에는 소 같은 집짐승이 없어서 사람 똥이나 죽은 새나 쥐에도 모인다.

애기뿔소똥구리 수컷 *copris tripartitus* ♀×2

소똥을 먹는 애벌레

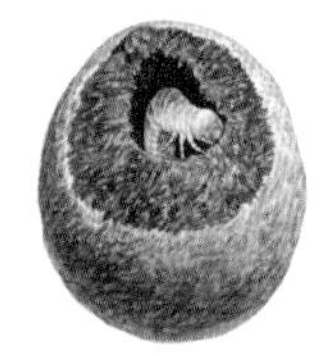

분류 소똥구리과
크기 14~16mm
나타나는 때 4~10월
먹이 동물 똥
탈바꿈 갖춘탈바꿈

소똥구리 말똥구리 Scarabaeidae

소똥구리는 소똥이나 말똥을 먹고 산다. 어른벌레는 똥을 경단처럼 동그랗게 빚어서 미리 파 놓은 굴로 굴린다. 몸을 뒤로 한 채 뒷다리로 굴려서 앞으로 간다. 소똥 경단 속에 알을 낳고, 알에서 깨어난 애벌레는 그 속에서 소똥 경단을 먹고 자란다. 우리나라에는 서른 종이 넘는 소똥구리가 있었다. 예전에는 소를 매어둔 냇가에 흔했다. 소똥구리는 소가 풀을 먹고 눈 똥에서만 사는데, 요즘은 사료만 먹여서 소를 키우기 때문에 거의 사라졌다.

수컷 ♀×1.5

뿌리를 갉아 먹는 애벌레

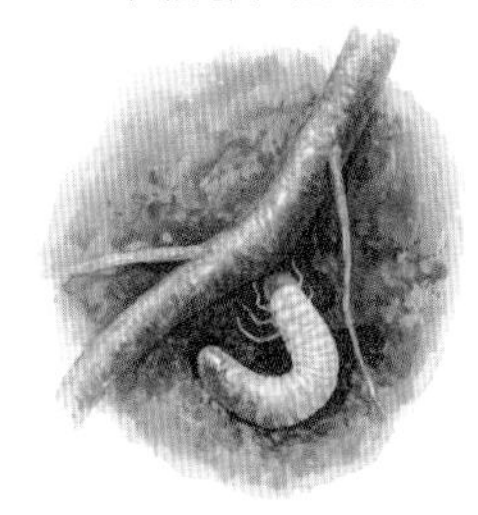

분류 검정풍뎅이과
크기 30mm 안팎
나타나는 때 7~9월
먹이 나뭇잎
탈바꿈 갖춘탈바꿈

왕풍뎅이 *Melolontha incana*

왕풍뎅이는 다른 풍뎅이들보다 몸집이 크다. 봄부터 가을까지 볼 수 있고 한여름에 많다. 밤에 불빛으로 날아오기도 한다. 참나무가 많은 낮은 산에 살면서 밤나무나 참나무 잎을 먹는다. 나무에 해가 될 만큼 많이 먹지는 않는다. 우거진 숲 땅속에 알을 낳는다. 과수원에 날아와서 낳기도 한다. 애벌레가 깨어 나오면 땅속에 살면서 나무뿌리를 갉아 먹는다. 애벌레가 많아지면 나무가 잘 못 자라고 열매가 굵어지지 못할 정도로 뿌리를 먹어 치우기도 한다.

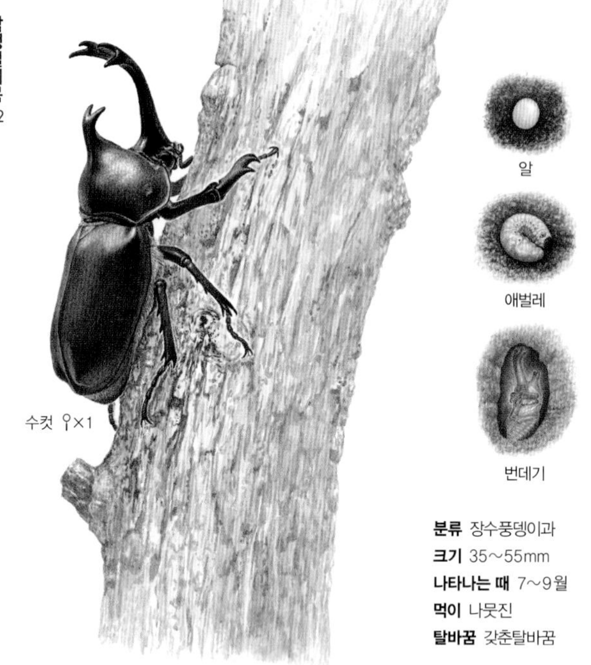

분류 장수풍뎅이과
크기 35~55mm
나타나는 때 7~9월
먹이 나뭇진
탈바꿈 갖춘탈바꿈

장수풍뎅이 *Allomyrina dichotoma*

장수풍뎅이는 우리나라 풍뎅이 가운데 가장 크다. 참나무가 많은 산에서 산다. 낮에는 나무 틈이나 가랑잎 밑에 숨는다. 해가 지면 참나무에 모여들어 붓처럼 생긴 혀로 나뭇진을 핥아 먹고 짝짓기도 한다. 수컷은 머리와 가슴등판에 뿔이 난다. 머리 뿔은 사슴뿔처럼 가지가 있고, 가슴 뿔도 끝이 갈라졌다. 먹이나 암컷을 두고 싸울 때 뿔을 쓴다. 날 때는 딱딱한 겉날개를 쳐들고 속날개를 펼쳐서 날아간다. 날 때 '부르르릉' 하고 요란한 소리가 난다.

수컷 ♀×2.5

풀잎에 앉아 있는 등얼룩풍뎅이

분류 풍뎅이과
크기 8~13mm
나타나는 때 3~11월
먹이 나뭇잎, 풀잎
탈바꿈 갖춘탈바꿈

등얼룩풍뎅이 *Blitopertha orientalis*

등얼룩풍뎅이는 오뉴월에 잔디밭이나 햇볕이 잘 드는 풀숲에서 볼 수 있다. 작고 동글동글하며 가끔 날아다닌다. 낮에 나와서 나뭇잎이나 풀잎을 갉아 먹는다. 애벌레는 땅속에서 잔디 뿌리를 갉아 먹는다. 채소나 곡식, 어린나무 뿌리도 먹는다. '연노랑풍뎅이'와 닮았는데, 등얼룩풍뎅이는 딱지날개에 무늬가 있고 연노랑풍뎅이는 그냥 누렇다. 우리나라에는 연노랑풍뎅이가 많았는데 골프장이 늘면서 잔디 뿌리를 좋아하는 등얼룩풍뎅이가 많아졌다.

분류 풍뎅이과
크기 17~25mm
나타나는 때 6~8월
먹이 나뭇잎
탈바꿈 갖춘탈바꿈

몽고청줄풍뎅이 몽고청동풍뎅이 *Anomala mongolica*

몽고청줄풍뎅이는 들판이나 산어귀 풀숲에 산다. 몸이 뚱뚱하고 짙은 풀색이다. 밤에 느릿느릿 기어 다니면서 풀잎이나 나뭇잎을 갉아 먹는다. 낮에는 나뭇잎이나 풀잎에 매달려 있거나 땅속에 숨어서 잘 안 보인다. 드물게 낮에도 꽃 속이나 나뭇잎에 앉아 있고 밤에 불빛을 보고 날아온다. 애벌레는 땅속에서 풀뿌리나 나무뿌리를 갉아 먹고 산다. 몽고청줄풍뎅이와 비슷하게 생긴 풍뎅이를 통틀어서 '줄풍뎅이'라고 한다. 우리나라에는 13종이 있다.

♀×1.5

분류 꽃무지과
크기 20~25mm
나타나는 때 4~9월
먹이 나뭇진, 과일
탈바꿈 갖춘탈바꿈

점박이꽃무지 흰점박이풍뎅이 *Protaetia orientalis*

점박이꽃무지는 4월부터 9월까지 볼 수 있는데 여름에 가장 많다. 온몸이 풀빛이고 등과 딱지날개에 흰 무늬가 흩어져 있다. 꽃무지는 꽃에 잘 모이는데, 점박이꽃무지는 나뭇진이 흘러나오는 나무줄기나 흠집 난 과일에 더 잘 모인다. 다른 풍뎅이는 밤에 많이 돌아다니지만, 점박이꽃무지는 낮에 잘 돌아다닌다. 암컷은 두엄더미 속에 알을 낳는다. 애벌레는 썩은 풀이나 가랑잎을 먹는다. 등에 털이 있고 다리가 짧다. 누워서 등에 난 털로 긴다.

분류 꽃무지과
크기 12mm안팎
나타나는 때 3~10월
먹이 꽃잎, 꽃술, 꿀
탈바꿈 갖춘탈바꿈

풀색꽃무지 애기꽃무지 *Gametis jucunda*

풀색꽃무지는 우리나라에 사는 풍뎅이 가운데 가장 흔하다. 봄이나 가을에 많고 한여름에는 드물다. 낮에 여러 마리가 꽃에 모여들어 꽃 속에 머리를 박고 꿀을 먹는다. 꽃잎과 꽃술도 갉아 먹는다. 온갖 꽃에 모여드는데 찔레꽃이나 마타리꽃, 맥문동꽃에 많다. 사과나무, 복숭아나무 같은 과일나무 꽃에도 모여든다. 꿀을 먹다가 씨방에 흠집을 내서 열매가 울퉁불퉁 자라게 만든다. 애벌레는 땅속에서 나무뿌리나 썩은 가랑잎, 마른 소똥 따위를 먹는다.

진홍색방아벌레 *Ampedus puniceus* ♀×1

분류 방아벌레과
크기 10~11mm
나타나는 때 4~7월
먹이 죽은 나무, 꽃
탈바꿈 갖춘탈바꿈

방아벌레 똑딱벌레 Elateridae

방아벌레는 몸이 납작하고 길쭉하다. 나무줄기나 풀 위에 앉아 있다. 개울가 모래땅에 사는 것도 있다. 작아서 눈에 잘 안 띈다. 뒤집어 놓으면 조금 있다가 톡 튀어 올랐다가 몸을 바로 뒤집어 떨어진다. 그래서 '똑딱벌레'라고도 한다. 가슴 양 끝에 돌기가 있어서 지렛대 노릇을 한다. '진홍색방아벌레'는 죽은 나무나 꽃에 모여든다. 이른 봄 과수원에 날아와 새싹을 갉아 먹기도 한다.

큰홍반디 *Lycostomus porphyrophorus* ♀×1

분류 홍반디과
크기 15mm안팎
나타나는 때 4~7월
먹이 나뭇진
탈바꿈 갖춘탈바꿈

홍반디 Lycidae

홍반디는 몸이 작고 길쭉하며 빨갛다. 나무가 우거진 산속에 산다. 여름날 낮에 나뭇잎 위에 곧잘 앉아 있다. 얼핏 보면 반딧불이와 닮아서 '반디'라는 이름이 붙었지만 빛을 내지 않는다. 몸에서 쓴맛 나는 물이 나와서 제 몸을 지킨다. 우리나라에 10종이 알려져 있다. 더듬이는 톱날 모양이거나 빗살 모양이고, 딱지날개는 그물 모양인 것이 많다. 홍날개와 무척 닮았다. 애벌레는 나무껍질 밑이나 썩은 나무속에서 산다.

애반딧불이 *Luciola lateralis* ♀×2.5

밤에 불을 밝힌 반딧불이

분류 반딧불이과
크기 10mm
나타나는 때 6~8월
먹이 이슬
탈바꿈 갖춘탈바꿈

반딧불이 개똥벌레 Lampyridae

반딧불이는 배 꽁무니에서 빛을 낸다. 여름밤 여러 마리가 떼 지어 불빛을 깜박이며 난다. 느리게 날아서 손으로 쉽게 잡는다. 잡아도 안 뜨겁다. 물가 이끼나 풀뿌리에 알을 낳고, 애벌레는 물속에 살면서 다슬기와 달팽이를 잡아먹는다. 애벌레 꽁무니에서도 빛이 난다. 예전에는 맑은 물이 흐르는 논이나 개울, 골짜기 어디서나 볼 수 있었지만 요즘은 농약을 쳐서 많이 사라졌다. 그래서 지금은 반딧불이가 사는 곳을 보호 구역으로 정해서 보호하고 있다.

모여서 겨울잠을
자는 무당벌레

분류 무당벌레과
크기 10mm
나타나는 때 4~10월
먹이 잎벌레, 진딧물, 깍지벌레
탈바꿈 갖춘탈바꿈

남생이무당벌레 *Aiolocaria hexaspilota*

남생이무당벌레는 우리나라에 사는 무당벌레 가운데 가장 크다. 등은 빨간데, 까맣고 굵은 그물 무늬가 있다. 봄가을에 많이 보인다. 호두나무잎벌레나 버들잎벌레 애벌레, 진딧물, 깍지벌레를 잡아먹고, 배나무에서 즙을 빨아먹는 배나무이를 잡아먹기도 한다. 산이나 밭이나 과수원 어디서나 볼 수 있다. 몸에서 쓴맛이 나는 노란 물이 나와서 몸을 지킨다. 알은 애벌레 먹이가 있는 나뭇잎 뒷면에 낳는다. 바위틈이나 가랑잎 밑에서 어른벌레로 겨울을 난다.

잎 뒷면에 낳아 놓은 알

번데기

진딧물을 잡아먹는 애벌레

분류 무당벌레과
크기 6~7mm
나타나는 때 3~11월
먹이 진딧물
탈바꿈 갖춘탈바꿈

칠성무당벌레 *Coccinella septempunctata*

칠성무당벌레는 주홍빛 딱지날개에 까만 점이 일곱 개 있다. 그래서 이름이 '칠성무당벌레'다. 이른 봄부터 가을 사이에 진딧물이 있는 곳이면 어디서나 볼 수 있다. 애벌레는 까맣고 길쭉하고 몸에 가시가 나 있다. 애벌레로 두 주쯤 사는데 한 마리가 진딧물을 400~700마리쯤 잡아먹는다. 애벌레와 어른벌레 모두 진딧물을 잡아먹어서 농사에 큰 도움을 준다. 어른벌레로 겨울을 나고, 봄이 되면 짝짓기를 하고 진딧물이 많은 곳에 알을 낳는다.

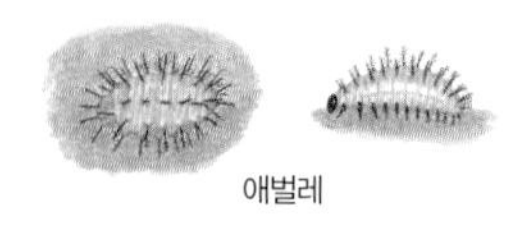
애벌레

분류 무당벌레과
크기 6~8mm
나타나는 때 4~10월
먹이 채소 잎
탈바꿈 갖춘탈바꿈

큰이십팔점박이무당벌레 *Henosepilachna vigintioctomaculata*

큰이십팔점박이무당벌레는 딱지날개에 까만 점이 스물여덟 개 있다. 등이 높고 아주 짧은 흰 털이 온몸을 덮고 있다. '이십팔점박이무당벌레'와 아주 닮았고 둘 다 밭에 심어 놓은 감자나 가지 잎을 갉아 먹는다. 다른 무당벌레는 진딧물을 잡아먹어서 농사에 이롭지만, 두 무당벌레는 애벌레나 어른벌레나 채소 잎을 갉아 먹는 해충이다. 보이는 대로 손으로 잡아 주어야 한다. 가랑잎이나 풀덤불 속에서 어른벌레로 겨울을 난다.

애홍날개 수컷 *Pseudopyrochroa rubricollis* ♀×2

분류 홍날개과
크기 6.5~9.5mm
나타나는 때 3~5월
먹이 썩은 나무
탈바꿈 갖춘탈바꿈

홍날개 Pyrochroidae

홍날개는 홍반디와 닮았다. 몸이 빨갛거나 까맣고, 더듬이가 톱날 모양이거나 빗살 모양이다. 하지만 홍반디는 몸이 연약하고 납작한데, 홍날개는 단단하고 원통 모양에 가깝다. 또 홍반디는 머리가 가슴 밑에 숨어 있는데 홍날개는 가슴 밖으로 쭉 나와 있다. 둘 다 사람 발길이 드문 산속에 산다. 홍반디는 나뭇잎이나 꽃 위에서 자주 보이고 홍날개는 죽은 나무에서 자주 보인다. 우리나라에 여덟 종쯤 산다.

애남가뢰 암컷 *Meloe auriculatus* ♀×2.5

나뭇잎 위에 있는 애남가뢰 수컷

분류 가뢰과
크기 7~20mm
나타나는 때 4~11월
먹이 식물 잎, 꽃, 줄기
탈바꿈 갖춘탈바꿈

가뢰 Meloidae

가뢰는 땅 위나 나뭇잎, 꽃 위를 기어 다니면서 잎과 꽃과 줄기를 갉아 먹는다. 한낮에는 숨어 있다가 아침이나 저녁 때 돌아다닌다. 몸 빛깔은 검푸르고, 배가 유난히 크고 뚱뚱하다. 배가 길고 원통 모양인 것도 있다. 앞날개는 아주 작고 뒷날개가 없어서 못 난다. 온몸이 까맣고 눈 둘레만 빨간 '먹가뢰'가 가장 흔했지만 요즘은 거의 볼 수 없다. 가뢰는 옛날부터 피부병을 고치거나 오줌이 잘 나오게 하는 약으로 써 왔다. 하지만 독이 있어서 함부로 쓰면 안 된다.

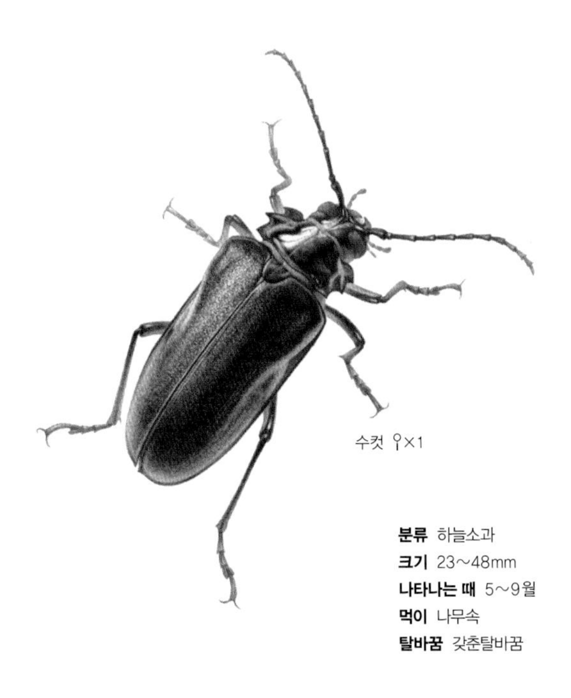

수컷 ♀×1

분류 하늘소과
크기 23~48mm
나타나는 때 5~9월
먹이 나무속
탈바꿈 갖춘탈바꿈

톱하늘소 *Prionus insularis*

톱하늘소는 큰 나무가 우거진 깊은 산속에 산다. 5월에서 9월까지 볼 수 있는데 한여름에 더 많다. 몸집이 크고 새카맣다. 양쪽 앞가슴 옆이 커다란 톱날처럼 삐죽삐죽하고 더듬이도 톱날 같아서 '톱하늘소'다. 다른 하늘소와 달리 톱하늘소는 더듬이가 제 몸보다 짧다. 낮에는 나무 틈이나 구멍에 숨어 있다가, 밤에 나와 나뭇잎 위에 앉아 있거나 수풀 사이를 날아다닌다. 손으로 잡으면 '끼이 끼이'하고 운다. 불빛을 보고 날아오기도 한다.

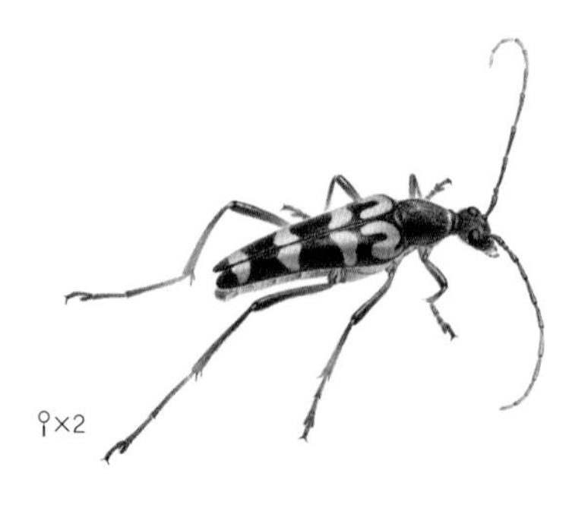

찔레꽃을 먹는 긴알락꽃하늘소

분류 하늘소과
크기 12~18mm
나타나는 때 5~8월
먹이 꽃잎, 꽃술
탈바꿈 갖춘탈바꿈

긴알락꽃하늘소 *Leptura arcuata*

긴알락꽃하늘소는 5월부터 8월까지 산에 피는 온갖 꽃에 날아든다. 몸 빛깔은 까만데 딱지날개에 노란 무늬가 네 쌍 있다. 앞쪽 무늬는 말굽처럼 휘었고, 뒤쪽 무늬는 곧게 뻗었다. 애벌레는 죽은 두릅나무나 졸참나무 속을 파먹고 산다. 우리나라에 사는 하늘소는 300종쯤 되는데, 그 가운데 꽃하늘소 무리는 70종으로 수가 가장 많다. 꽃하늘소는 다른 하늘소보다 몸집이 작고, 몸 뒤쪽이 홀쭉하다. 또 낮에 돌아다니고 잘 날고 꽃에 모여든다.

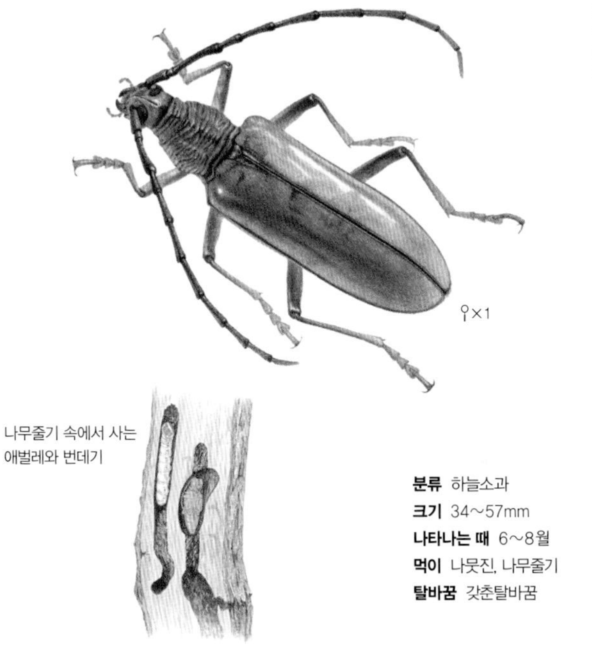

나무줄기 속에서 사는
애벌레와 번데기

분류 하늘소과
크기 34～57mm
나타나는 때 6～8월
먹이 나뭇진, 나무줄기
탈바꿈 갖춘탈바꿈

하늘소 참나무하늘소 *Massicus raddei*

하늘소는 우리나라에서 장수하늘소 다음으로 큰 하늘소다. 온몸이 누렇고 짧은 털이 나 있다. 늦봄부터 가을까지 보이는데 여름에 많다. 밤에 돌아다니고 불빛에 날아온다. 참나무에 알을 낳기 때문에 굵은 참나무가 있어야 산다. 어른벌레는 나무껍질을 입으로 물어뜯고, 나무줄기 속에 알을 하나씩 낳는다. 애벌레가 깨어 나오면 나무속을 파먹고 산다. 자라면서 점점 줄기 한가운데로 뚫고 들어간다. 어른벌레가 되면 나무 밖으로 나온다.

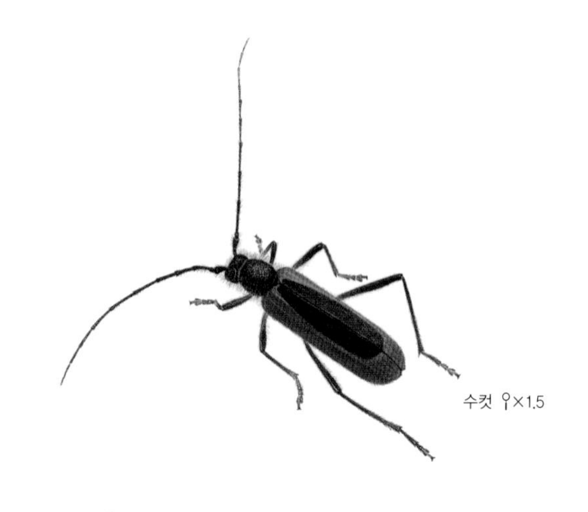

수컷 ♀×1.5

분류 하늘소과
크기 14~19mm
나타나는 때 5~6월
먹이 나뭇진
탈바꿈 갖춘탈바꿈

무늬소주홍하늘소 *Amarysius altajensis*

무늬소주홍하늘소는 딱지날개가 빨갛고 가운데 크고 까만 길쭉한 무늬가 있다. 봄부터 가을까지 보이는데 5월에 많다. 낮에 돌아다니고 색깔과 무늬가 눈에 띄어서 알아보기 쉽다. 넓은잎나무가 많은 산속에 산다. 생강나무와 고로쇠나무, 단풍나무에 모이는데, 애벌레가 이 나무를 파먹고 사는 것 같다. 딱지날개 가운데 검은 무늬가 없는 것이 '소주홍하늘소'다. 크기나 겉모양이 닮았는데 무늬소주홍하늘소가 더 많다. 하지만 사는 모습은 아직 덜 밝혀졌다.

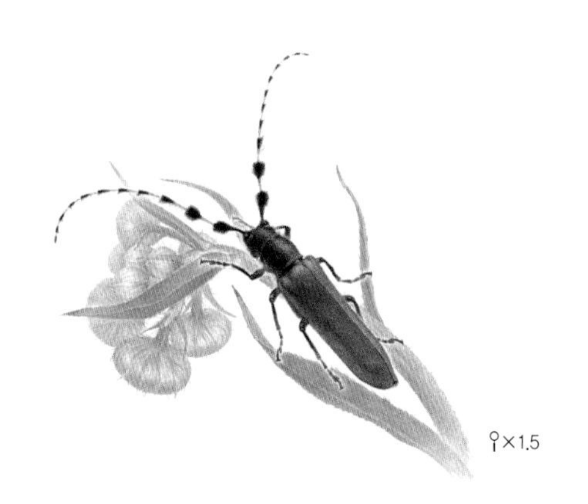

분류 하늘소과
크기 11~16mm
나타나는 때 6~7월
먹이 풀 줄기, 잎
탈바꿈 갖춘탈바꿈

남색초원하늘소 *Agapanthia pilicornis*

남색초원하늘소는 6월에서 7월 사이에 볼 수 있다. 노랑원추리 줄기와 잎을 먹는다. 몸은 새카맣지만 딱지날개는 파랗다. 온몸이 까만 털로 덮여 있고, 더듬이에도 털이 있는데 띄엄띄엄 솜뭉치처럼 달려 있다. 남색초원하늘소는 꽃하늘소처럼 낮에 이 꽃 저 꽃으로 잘 날아다닌다. 꽃이 많이 피는 산이면 어디서든 쉽게 볼 수 있다. 애벌레 때는 풀 줄기나 나무속을 파먹고 산다.

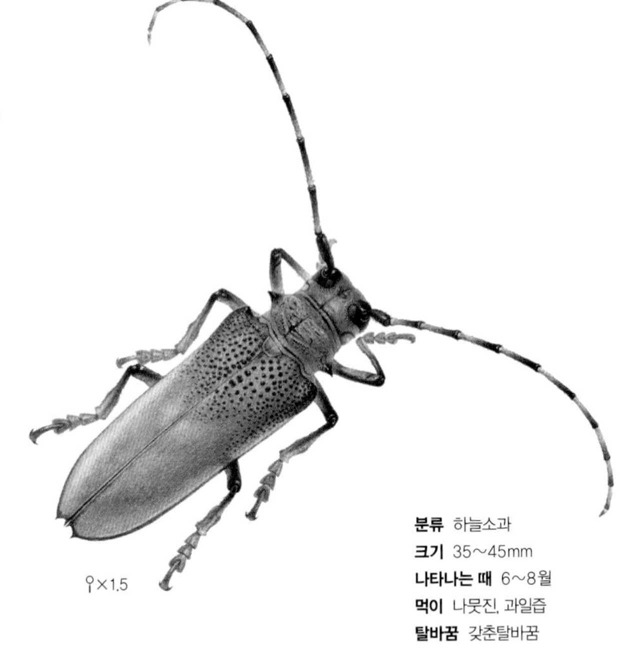

분류 하늘소과
크기 35~45mm
나타나는 때 6~8월
먹이 나뭇진, 과일즙
탈바꿈 갖춘탈바꿈

뽕나무하늘소 뽕나무돌드레 *Apriona germari*

뽕나무하늘소는 하늘소와 닮았는데 크기가 더 작고 딱지날개에 까만 알갱이들이 우툴두툴 나 있다. 7월 말쯤 가장 많이 나타난다. 뽕나무, 사과나무 같은 넓은잎나무를 먹고 산다. 여름에 새로 난 나뭇가지 껍질이나 과일을 물어뜯고 즙을 빨아 먹는다. 암컷은 큰 나무에서 어린 가지를 골라 껍질을 물어뜯어 그 속에 알을 낳는다. 알에서 깬 애벌레는 나무속을 파먹으며 자란다. 심하게 파먹으면 나무가 말라 죽는다. 나무속에서 겨울을 두 번 나고 이듬해 여름에 어른벌레가 된다.

암컷 ♀×1.5

나무껍질을 뜯어내는 털두꺼비하늘소

분류 하늘소과
크기 19~27mm
나타나는 때 4~10월
먹이 나뭇진
탈바꿈 갖춘탈바꿈

털두꺼비하늘소 *Moechotypa diphysis*

털두꺼비하늘소는 온몸이 아주 짧고 뚱뚱하며 검붉은 털로 덮여 있다. 딱지날개에 까만 털뭉치가 두 개 있다. 이른 봄부터 늦가을까지 보이는데 5월 말에서 6월 사이에 가장 많다. 산이 가까운 들판이나 마을에 자주 날아온다. 손으로 잡으면 '끼이 끼이' 소리를 낸다. 암컷은 베어낸 지 얼마 안 된 참나무, 가시나무에 날아와 나무껍질을 입으로 뜯어 상처를 내고 그 밑에 알을 낳는다. 애벌레는 나무속에 살면서 나무를 파먹는다. 가을에 어른벌레가 되고 그대로 겨울을 난다.

분류 하늘소과
크기 10~15mm
나타나는 때 6~7월
먹이 삼 잎이나 눈
탈바꿈 갖춘탈바꿈

삼하늘소 *Thyestilla gebleri*

삼하늘소는 '삼'이라는 풀을 먹고 사는 작은 하늘소다. 삼은 줄기 껍질로 삼베를 짜는 풀이다. 봄부터 가을까지 나타나는데 6월에 가장 많다. 어른벌레는 낮에 삼에 날아와 눈이나 잎을 갉아 먹고 애벌레는 줄기 속을 파먹고 자란다. 예전에는 집집마다 삼을 밭에 심어 길러서 많이 볼 수 있었다. 지금은 삼을 기르지 않아서 거의 사라졌다. 어쩌다 산속에 있는 허물어진 집터에 삼이 남아 있으면 삼하늘소를 볼 수 있다.

사시나무잎벌레 *Chrysomela populi* ♀×1

청줄보라잎벌레 *Chrysolina virgata* ♀×1

분류 잎벌레과
크기 1.5~15mm
나타나는 때 5~9월
먹이 풀잎, 나뭇잎
탈바꿈 갖춘탈바꿈

잎벌레 Chrysomelidae

잎벌레는 무당벌레와 닮았는데 무당벌레와 달리 더듬이가 길다. 풀잎이나 나뭇잎을 갉아 먹는데 잎맥만 남기고 다 먹어 치운다. 딱정벌레 가운데 몸집이 작은 편이어서 3mm가 안 되는 것이 많다. '청줄보라잎벌레'는 우리나라에 사는 잎벌레 가운데 가장 크다. 봄부터 가을까지 보이는데 6월에 가장 많다. 들깨, 쉽싸리 같은 꿀풀과에 딸린 풀을 갉아 먹는다. '사시나무잎벌레'도 몸집이 큰 편이다. 봄부터 가을까지 보이는데 오뉴월에 흔하다. 사시나무, 버드나무 잎을 갉아 먹는다.

왕거위벌레 수컷
Paracycnotrachelus longiceps ♀×3.5

왕거위벌레 암컷
♀×1.2

분류 거위벌레과
크기 암컷 7~8mm, 수컷 9~12mm
나타나는 때 5~9월
먹이 나뭇잎
탈바꿈 갖춘탈바꿈

거위벌레 몽뚝바구미[북] Attelabidae

머리 뒤쪽이 길게 늘어나서 꼭 거위 목처럼 보인다고 '거위벌레'다. 암컷은 머리가 조금밖에 늘어나지 않았다. 늦봄이나 여름 들머리에 산에 가면 거위벌레가 말아 놓은 나뭇잎 뭉치를 볼 수 있다. 길에도 많이 떨어져 있다. 암컷이 큰턱으로 잎을 자른 뒤 여섯 개 다리로 나뭇잎을 돌돌 말아서 그 속에 알을 낳는다. 애벌레가 깨어나면 말아 놓은 나뭇잎을 갉아 먹고 자란다. 애벌레는 그 속에서 번데기를 거쳐 어른벌레가 된다. 다 자란 거위벌레는 나뭇잎 뭉치를 뚫고 나온다.

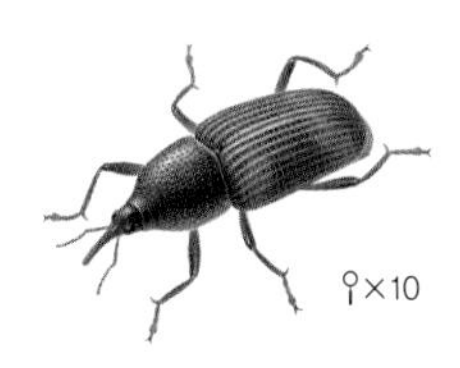

쌀에 꼬인 쌀바구미

분류 왕바구미과
크기 2~3mm
나타나는 때 여름
먹이 갈무리 해둔 곡식
탈바꿈 갖춘탈바꿈

쌀바구미 *Sitophilus oryzae*

쌀바구미는 갈무리해 둔 쌀이나 보리, 밀, 수수, 옥수수에 꼬이는 해충이다. 쌀알보다 작고 검은 밤색이다. 어른벌레는 서너 달을 살면서 낟알을 갉아 먹고 낟알 속에 알을 낳는다. 그대로 두면 아주 빨리 퍼진다. 쌀바구미가 먹은 쌀은 속이 비어서 잘 부스러지고 맛이 없다. 어두운 곳을 좋아해서 햇볕에 쌀을 널어 두면 어른벌레가 기어 나가고 낟알 속에 있는 애벌레도 죽는다. 쌀통을 서늘한 곳에 두고 빨간 고추나 마늘을 넣어두면 덜 생긴다.

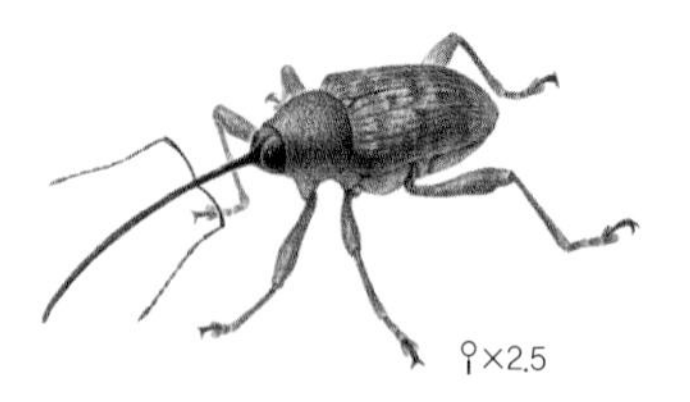

밤송이에 알을 낳는 밤바구미

밤을 파먹는 애벌레

분류 바구미과
크기 6~10mm
나타나는 때 8~10월
먹이 안 먹는다.
탈바꿈 갖춘탈바꿈

밤바구미 *Curculio sikkimensis*

밤바구미는 밤나무 해충이다. 기다란 주둥이로 여물어 가는 밤송이 껍질 속까지 구멍을 뚫고 산란관을 꽂아 알을 낳는다. 애벌레는 밤을 파먹으며 자란다. 다 자라면 밤 껍질에 구멍을 뚫고 밖으로 나온다. 뚫고 나오기 전에는 애벌레가 들어 있어도 겉은 멀쩡하다. 밤을 따 놓아도 줄곧 파먹는다. 밤을 오래 두고 먹으려면 물에 담가서 뜨는 것을 골라낸다. 애벌레가 먹은 밤은 속이 썩어서 냄새가 난다. 9월 말이 지나서 밤을 거두면 피해가 더 크다.

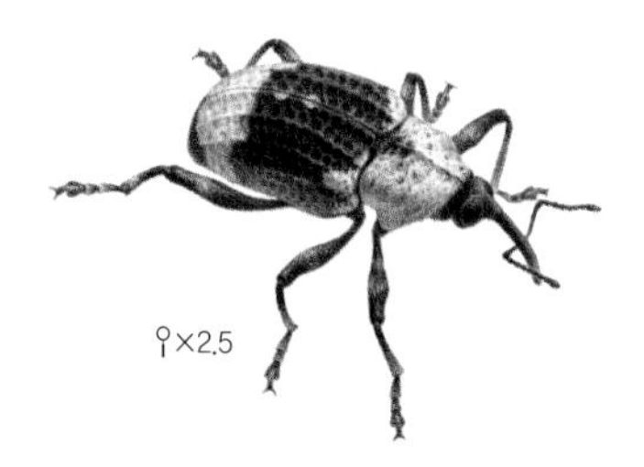

칡 줄기에 알을 낳는 배자바구미

분류 바구미과
크기 9~10mm
나타나는 때 4~9월
먹이 칡
탈바꿈 갖춘탈바꿈

배자바구미 *Sternuchopsis trifidus*

배자바구미는 칡넝쿨이나 칡 잎에 잘 앉는다. 크기가 작고 통통한데 빛깔이 얼룩덜룩하다. 꼭 새똥 같아서 천적 눈을 피한다. 주둥이가 길지만 평소에는 머리 밑으로 바짝 구부리고 있어서 잘 안 보인다. 이른 봄부터 늦가을까지 볼 수 있고 6월에 가장 흔하다. 주둥이로 칡 줄기에 구멍을 내고 알을 낳는다. 애벌레는 줄기 속을 파먹고 산다. 애벌레가 있는 곳은 줄기가 볼록하게 부푼다. 줄기 속에서 번데기가 되고, 어른벌레가 되어 겨울을 난다.

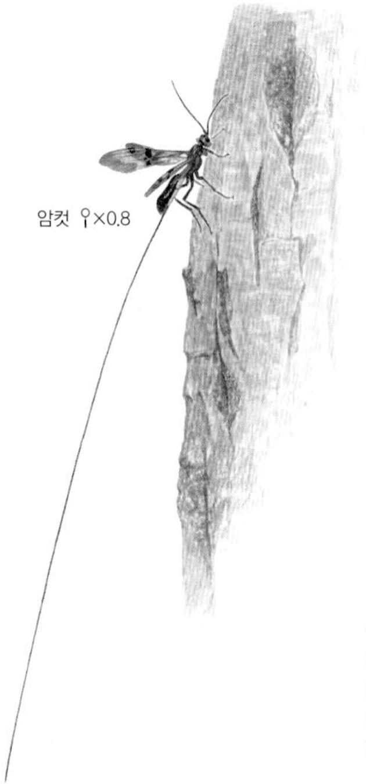

분류 고치벌과
크기 15~20mm
나타나는 때 5~6월
먹이 나뭇진, 꽃가루
탈바꿈 갖춘탈바꿈

말총벌 말초리벌 *Euurobracon yokohamae*

말총벌은 참나무처럼 두꺼운 껍질이 있는 나무에 많다. 몸이 가늘고 맵시벌과 닮았다. 나뭇진이나 꽃가루를 먹고 산다. 암컷 배 끝에 몸길이보다 열 배쯤 긴 산란관이 달려 있는데 잘 휜다. 산란관이 하도 길어서 빨리 못 난다. 알 낳을 때가 되면 긴 산란관을 나무줄기 깊은 곳까지 찔러 넣어 나무속에 사는 하늘소 애벌레나 번데기에 알을 붙여 낳는다. 알에서 깬 애벌레는 하늘소 애벌레나 번데기를 먹고 자란다. 이듬해 봄에 어른벌레가 나온다.

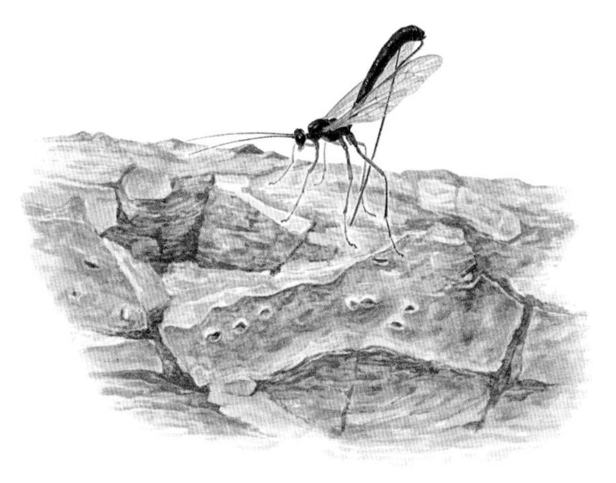

그라벤호르스트납작맵시벌 암컷
Dolichomitus mesocentrus ♀×0.9

분류 맵시벌과
크기 30~40mm
나타나는 때 5~7월
먹이 거의 안 먹는다.
탈바꿈 갖춘탈바꿈

맵시벌 Ichneumonidae

맵시벌은 늦은 봄에 나타나고 혼자 살아간다. 재빨리 날고 공중으로 붕 뜨거나 아래로 뚝 떨어지듯 날아서 눈여겨보아야 찾을 수 있다. 가슴과 배 사이가 잘록하고 배는 아주 가늘고 길다. 맵시벌 무리는 모두 나비나 딱정벌레 애벌레나 거미 몸 따위에 알을 낳는다. 배 끝에 있는 긴 침으로 먹이가 되는 벌레를 찔러 꼼짝 못하게 한 뒤 몸속이나 겉에 알을 낳아 붙인다. 애벌레가 깨어 나오면 이 벌레를 먹고 자란다.

금테줄배벌 *Megacampsomeris prismatica* ♀×1.5

꿀을 빠는 금테줄배벌

분류 배벌과
크기 암컷 30mm, 수컷 20mm
나타나는 때 5~8월
먹이 꽃가루, 꿀
탈바꿈 갖춘탈바꿈

배벌 Scoliidae

배벌은 여름에 숲 언저리나 풀밭에서 볼 수 있다. 무리를 짓지 않고 혼자 산다. 꿀벌보다 배가 길고 커서 멀리 날지 못한다. 하지만 빠르게 날갯짓하면서 이 꽃 저 꽃 옮겨 다니며 꽃가루와 꿀을 먹는다. '금테줄배벌'은 콩풍뎅이 애벌레를 침으로 찔러 꼼짝 못하게 만든 뒤 땅속에 작은 방을 만들어서 집어넣는다. 애벌레 위에 알을 낳고 흙을 덮는다. 알에서 깬 애벌레는 땅속에서 콩풍뎅이 애벌레를 먹고 자란다.

일개미 ♀×4

분류 개미과
크기 6~18mm
나타나는 때 4~11월
먹이 죽은 벌레, 진딧물이 내는 단물
탈바꿈 갖춘탈바꿈

일본왕개미 왕개미 *Camponotus japonicus*

일본왕개미는 우리나라에 사는 개미 가운데 가장 크다. 볕이 잘 드는 운동장이나 마당 땅속에 굴을 파고 산다. 여왕개미 한 마리와 천 마리가 넘는 일개미가 함께 산다. 여왕개미는 수개미와 짝짓기를 하면 날개를 끊어 내고 굴을 파거나 나무속에 들어가 알을 낳는다. 알에서 나온 일개미는 알과 애벌레를 돌보고 먹이를 나른다. 일개미는 진딧물 꽁무니에서 내는 달콤한 물이나 식물 잎과 줄기에서 나오는 단물을 먹는다. 다른 곤충이나 애벌레를 잡아 집으로 나른다.

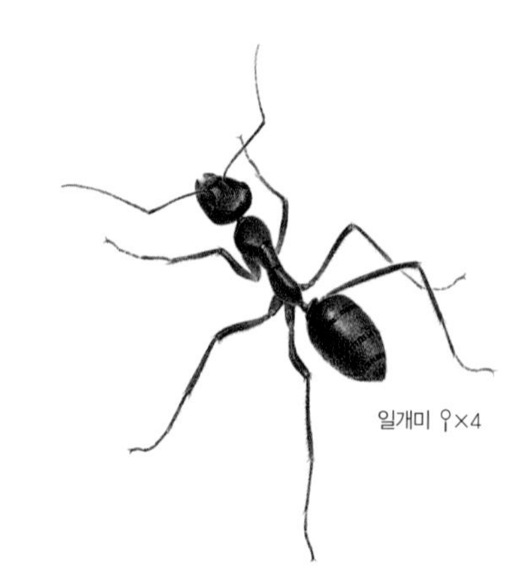

함께 먹이를 나르는 곰개미들

분류 개미과
크기 4~13mm
나타나는 때 4~11월
먹이 진딧물이 내는 단물, 나방 애벌레
탈바꿈 갖춘탈바꿈

곰개미 *Formica japonica*

곰개미는 땅속에 굴을 파고 산다. 마당이나 운동장이나 풀밭에 흔하다. 일본왕개미보다 조금 작은데 사는 곳이 비슷해서 함께 보일 때가 많다. 진딧물이 내는 달콤한 물이나 나방 애벌레를 잡아먹는다. 배 끝에서 개미산을 쏘아 살아있는 먹이를 잡는다. 잡은 먹이를 집으로 나르는데, 작은 먹이는 일개미 한 마리가 나르고, 큰 것은 여러 마리가 함께 나른다. 다른 개미처럼 여왕개미, 수개미, 일개미 수백 마리가 함께 산다.

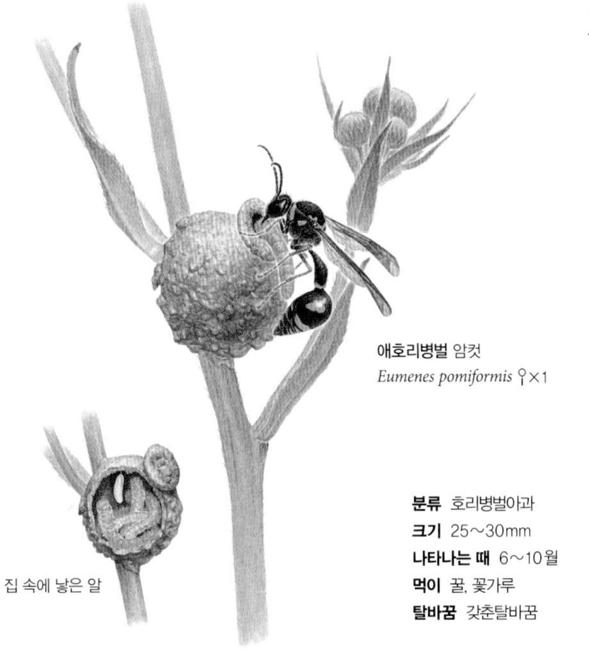

애호리병벌 암컷
Eumenes pomiformis ♀×1

분류 호리병벌아과
크기 25~30mm
나타나는 때 6~10월
먹이 꿀, 꽃가루
탈바꿈 갖춘탈바꿈

호리병벌 조롱벌 Eumeninae

호리병벌은 들이나 풀이 많은 곳에서 혼자 살면서 꿀과 꽃가루를 먹는다. 여름에 냇가 진흙을 둥글게 뭉쳐서 풀 줄기나 나뭇가지에 붙여 호리병 같은 집을 짓는다. 그 안에 알 한쪽 끝을 벽에 붙여서 낳고, 나비나 나방 애벌레를 잡아 가득 채운 뒤 구멍을 막는다. 애벌레는 어미가 넣어 둔 먹이를 먹고, 집안에 몸이 꽉 찰 만큼 다 자라면 입에서 실을 토해 그물을 치고 번데기가 된다. 어른벌레가 되면 턱으로 흙벽을 갉아 내고 빠져 나온다.

♀×1.5

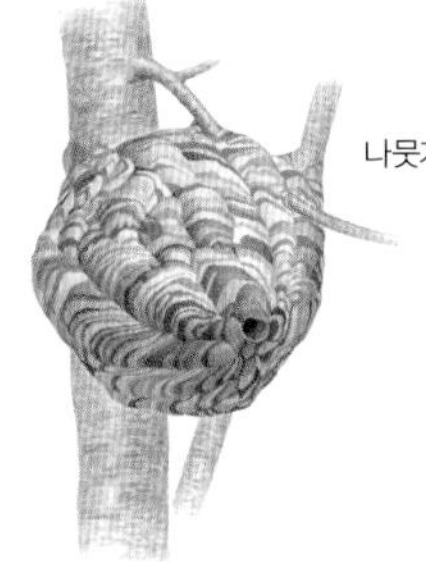

나뭇가지에 만든 말벌 집

분류 말벌과
크기 어미벌 30mm, 일벌 20mm
나타나는 때 5~9월
먹이 꿀, 과일즙, 나뭇진
탈바꿈 갖춘탈바꿈

말벌 왕벌, 왕퉁이 *Vespa crabro flavofasciata*

말벌은 몸집이 크고 힘도 세고 사납다. 독침이 있어서 쏘이면 아주 아프다. 꿀벌과 달리 여러 번 침을 쏜다. 둥글고 튼튼한 집을 짓고 수백 마리가 모여 산다. 일벌은 집도 짓고 집안일을 도맡아 한다. 어른벌레는 꿀, 과일즙, 나무줄기에서 나오는 진을 먹고, 애벌레에게는 살아 있는 꿀벌이나 거미를 잡아다 먹인다. 일벌과 수벌은 겨울 들머리에 모두 죽고, 짝짓기를 한 어미벌만 땅속이나 썩은 나무속에서 겨울을 난다. 겨울잠에서 깬 어미벌이 혼자 집을 짓고 알을 낳는다.

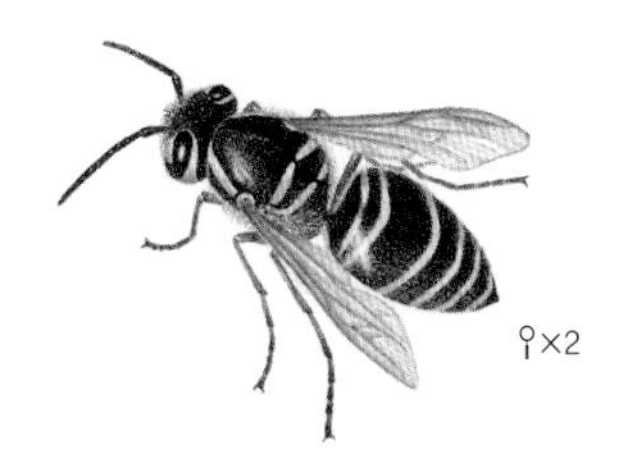

땅속에 만든 땅벌 집

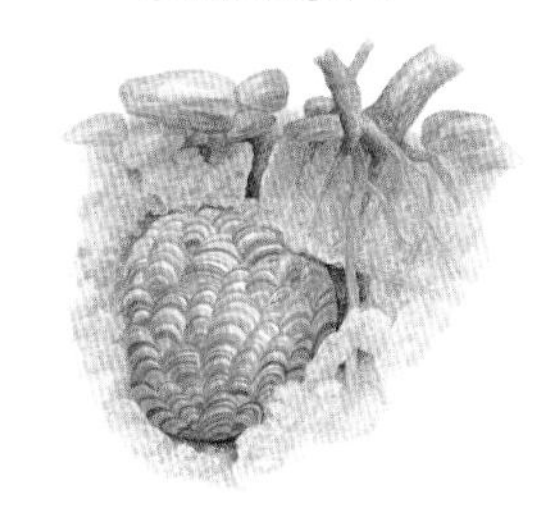

분류 말벌과
크기 어미벌 15~19mm, 일벌 10~14mm
나타나는 때 5~10월
먹이 꿀, 과일즙, 나뭇진
탈바꿈 갖춘탈바꿈

땅벌 대추벌, 땡비 *Vespula flaviceps*

땅벌은 땅속에 집을 짓고 산다. 그래서 이름도 '땅벌'이다. 볕이 잘 들고 메마른 밭둑이나 무덤가에 많다. 땅속에 크고 둥근 집을 짓는데 겉으로는 땅바닥에 조그만 구멍이 나 있을 뿐이다. 한 집에 어미벌과 수벌, 일벌이 모여 산다. 꿀과 나뭇진이나 과일즙을 빨아 먹는다. 건드리지 않으면 안 쏘지만 벌집을 밟거나 건드리면 떼로 덤빈다. 수많은 벌이 끈질기게 달라붙어 쏘기 때문에 심하면 사람이나 집짐승이 죽기도 한다.

왕바다리 암컷
Polistes rothneyi koreanus ♀×1.5

나뭇가지에 붙여 만든
쌍살벌 집

분류 쌍살벌아과
크기 25mm
나타나는 때 5~9월
먹이 꿀, 과일즙
탈바꿈 갖춘탈바꿈

쌍살벌 바다리 Polistinae

쌍살벌은 말벌과 닮았는데 몸이 더 가늘고 배 윗부분은 좁다. 긴 뒷다리 두 개를 축 늘어뜨리고 난다. 봄에 어미벌 혼자 나무껍질을 긁어서 침을 섞어 잘게 씹어 죽을 만든다. 이 죽을 처마 밑이나 나무줄기에 붙여 방을 만든다. 방을 하나 만들면 알을 낳고 또 방을 만들고 알을 낳는다. 애벌레가 깨어나면 나방 애벌레를 잡아다 먹인다. 애벌레가 번데기가 된 뒤 일벌이 깨어 나오면 수백 마리가 한 집에 산다. 이제 어미벌은 알만 낳고 일벌이 애벌레를 돌보고 집을 짓는다.

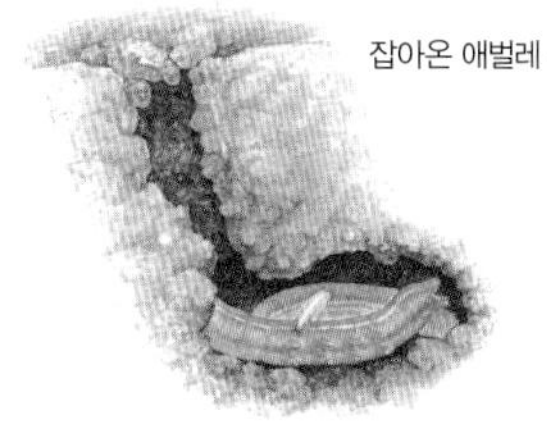

잡아온 애벌레 위에 낳은 알

분류 구멍벌과
크기 20mm
나타나는 때 5~10월
먹이 꿀
탈바꿈 갖춘탈바꿈

나나니 *Ammophila infesta*

나나니는 늦은 봄부터 여름까지 풀밭이나 강가에서 많이 볼 수 있다. 몸이 가늘고 긴데 배는 더 가늘다. 혼자 살면서 여름에 꽃꿀을 빨아 먹는다. 알 낳을 때가 되면 나무 구멍이나 땅속에 구멍을 뚫어 집을 짓는다. 나방이나 나비 애벌레를 침으로 찔러 꼼짝 못하게 한 뒤 집으로 가져와 그 위에 알을 하나 낳는다. 알을 낳고 구멍을 막고는 다른 곳으로 날아가서 같은 일을 되풀이한다. 애벌레가 깨어 나오면 어미가 넣어 둔 먹이를 먹고 자란다.

어리호박벌 *Xylocopa appendiculata*

분류 꿀벌과
크기 12~23mm
나타나는 때 4~10월
먹이 꽃꿀
탈바꿈 갖춘탈바꿈

호박벌 곰벌 *Bumbus ignitus*

호박벌은 꿀벌보다 몸집이 두 배쯤 크고 몸에 털이 많다. 봄부터 가을까지 보이는데 여름 들머리에 많다. 봄에는 진달래나 벚꽃에 날아들고 여름에는 호박꽃에 날아든다. 주둥이가 길어서 꽃 속 깊숙이 들어 있는 꿀을 잘 빨아 먹는다. 한 집에 어미벌, 일벌, 수벌이 삼백 마리쯤 산다. 봄에 어미벌이 집을 지어 꿀을 채운 뒤 알을 낳는다. 일벌이 깨어 나오면 꿀과 꽃가루를 모으고 애벌레를 키운다. 겨울이 되면 어미벌만 살아서 겨울잠을 잔다.

양봉꿀벌 일벌 *Apis mellifera* ♀×2.5

아까시나무꽃에 모여든 꿀벌

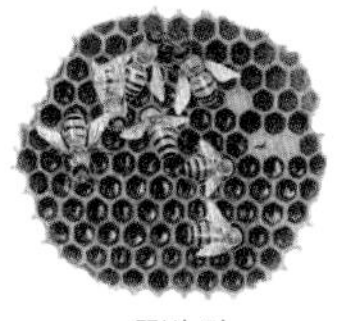

꿀벌 집

분류 꿀벌과
크기 12mm
나타나는 때 5~10월
먹이 꽃꿀
탈바꿈 갖춘탈바꿈

꿀벌 Apidae

꿀벌에는 '토종벌'과 '양봉꿀벌'이 있다. 토종벌은 양봉꿀벌보다 까맣고 작다. 둘 다 방이 육각형으로 생긴 벌집에 알을 낳고 꿀을 모은다. 입이 뾰족하고 혀가 길어서 꿀을 잘 빤다. 벌집에는 어미벌 한 마리와 수벌 수백 마리, 일벌 수만 마리가 산다. 어미벌은 하루에 이삼천 개 알을 낳는다. 수벌은 두세 달 살면서 단 한번 짝짓기를 한다. 일벌은 꿀을 모으고 알과 애벌레를 돌보고 집을 짓는다. 어미벌은 3~5년, 일벌은 한 달 남짓 산다.

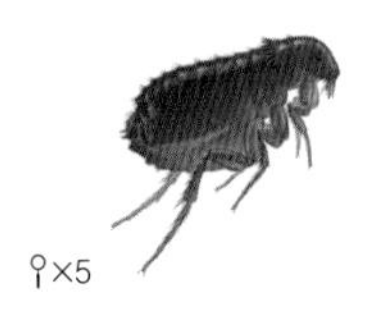

사람 몸에 붙어서 피를 빠는 벼룩

분류 벼룩과
크기 2~4mm
나타나는 때 1년 내내
먹이 사람이나 짐승 피
탈바꿈 갖춘탈바꿈

벼룩 Pulicidae

벼룩은 사람이나 짐승 몸에 붙어 피를 빨아 먹는다. '이'와 '빈대'처럼 몸이 아주 작다. 뒷다리가 크고 튼튼해서 톡톡 잘 튄다. 제 몸보다 수십 수백 배 아주 높이 튀어 오른다. 봄과 늦여름부터 가을 사이에 많다. 벼룩이 물면 모기가 문 것보다 훨씬 따갑고 가렵다. 한 자리를 물고 금세 다른 곳으로 튀어 가 또 문다. 피를 빨아 먹으면서 병을 옮기기도 한다. 암컷은 구석지고 어두운 곳에 끈적끈적한 알을 낳는다. 어른벌레는 여섯 달쯤 산다.

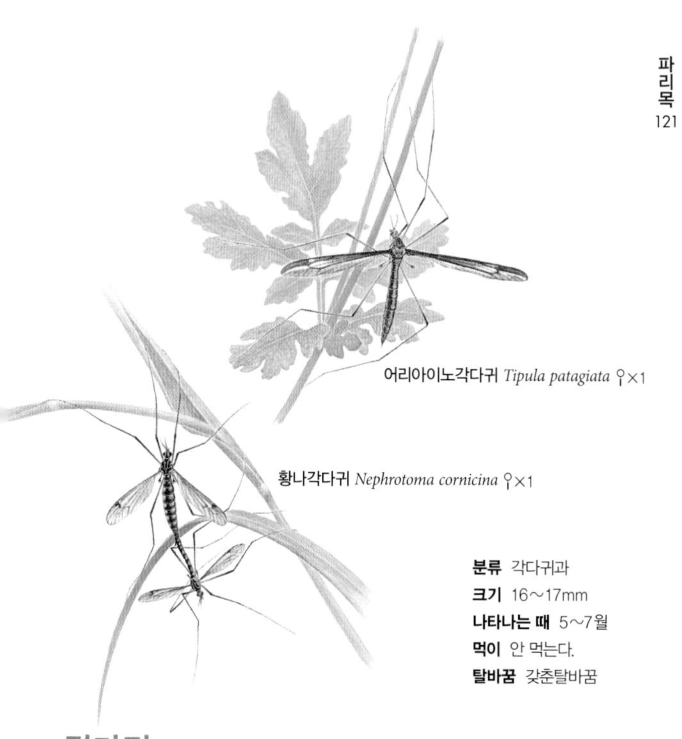

어리아이노각다귀 *Tipula patagiata* ♀×1

황나각다귀 *Nephrotoma cornicina* ♀×1

분류 각다귀과
크기 16~17mm
나타나는 때 5~7월
먹이 안 먹는다.
탈바꿈 갖춘탈바꿈

각다귀 왕모기[북] Tipulidae

각다귀는 물가나 풀숲이나 산골짜기에서 산다. 눅눅하고 서늘한 곳을 좋아한다. 모기와 닮았는데 몸집은 훨씬 크다. 앉을 때는 긴 날개를 쫙 편다. 암컷은 배 끝을 물에 담그고 알을 낳는다. 축축한 진흙 속에 낳기도 한다. 애벌레는 다리가 없거나 있어도 쓰지 않는다. 구더기처럼 몸을 늘였다 줄였다 하면서 움직인다. 물에 사는 애벌레는 물풀이나 썩은 풀을 먹고, 땅속에 사는 애벌레는 풀뿌리를 갉아 먹는다. 어른벌레가 되면 아무것도 안 먹고 며칠을 살며 짝짓기를 한다.

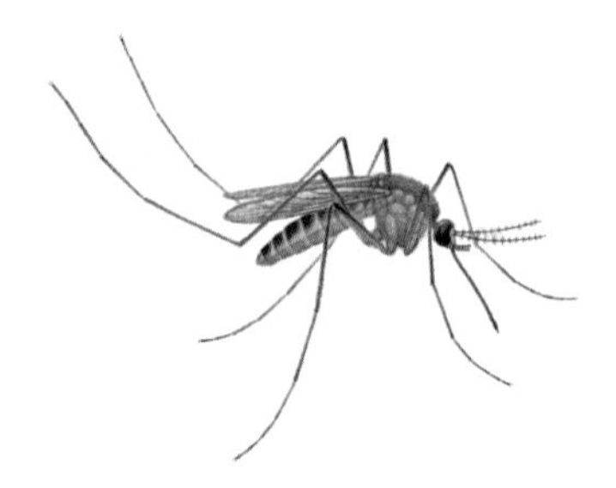

빨간집모기 *Culex pipiens pallens* ♀×3

물속에 사는 장구벌레

번데기

분류 모기과
크기 5~6mm
나타나는 때 4~11월
먹이 짐승이나 사람 피, 식물 즙
탈바꿈 갖춘탈바꿈

모기 깔따구 Culicidae

모기는 사람이나 짐승 피를 빨고 뇌염이나 말라리아 같은 병을 옮긴다. 모기가 물면 따끔하고 가렵다. 사람이나 짐승이 있으면 어디든 찾아온다. 여름철 해거름부터 해뜰참까지 많이 날아다닌다. 늦가을까지 사는 것도 있다. 날 때 '앵'하는 소리가 난다. 피를 빠는 모기는 모두 암컷이다. 피를 먹어야 알을 낳을 수 있다. 수컷은 과일이나 풀 줄기 즙을 빤다. 짝짓기를 하고 나면 물이 고여 있는 곳에 알을 낳는다. 애벌레를 '장구벌레'라고 한다.

분류 등에과
크기 21~26mm
나타나는 때 4~9월
먹이 식물 즙, 꿀, 짐승 피
탈바꿈 갖춘탈바꿈

왕소등에 왕파리 *Tabanus chrysurus*

몸이 크고 소 등에 붙어서 피를 빨아 먹는다고 '왕소등에'라고 한다. 사람에게도 달려들어 피를 빤다. 주둥이가 칼끝처럼 날카로워서 살갗을 찔러 피를 빨기 좋다. 물리면 말벌에 쏘인 것처럼 아프고 부어오르다가 가렵다. 식물 즙을 빨아 먹고 살다가 알 낳을 때가 된 암컷만 짐승 피를 빤다. 암컷은 진흙이나 물에 떠 있는 풀잎이나 줄기에 알을 낳는다. 애벌레는 물속에 살면서 장구벌레나 잠자리 애벌레를 먹고 산다.

파리매 수컷 *Promachus yesonicus* ♀×1.5

분류 파리매과
크기 25~28mm
나타나는 때 6~9월
먹이 벌레
탈바꿈 갖춘탈바꿈

파리매 풍뎅이파리매[북] Asilidae

파리매는 들이나 숲, 개울가, 연못가에서 자주 볼 수 있다. 파리라는 이름이 붙었지만 꼭 벌 같다. 파리, 꿀벌, 나비 같은 벌레를 잡아먹는다. 먹잇감이 날고 있거나 꽃이나 잎에 앉아 있을 때 매처럼 재빠르게 날아와 다리로 낚아채서 잡아먹는다. 먹이에 입을 찔러 넣고 이리저리 들고 옮겨 다니며 빨아 먹는다. 입은 찌르기 좋게 송곳처럼 뾰족하고 튼튼하다. 먹이를 찾으러 다닐 때 자기 영역을 정해 놓고 돌아다닌다. 잘못 건드리면 사람도 찌른다.

분류 재니등에과
크기 7~11mm
나타나는 때 4~5월, 9~10월
먹이 꿀
탈바꿈 갖춘탈바꿈

빌로도재니등에 *Bombylius major*

빌로도재니등에는 파리 무리에 들지만 꼭 벌처럼 생겼다. 몸이 통통하고 부드러운 털이 빽빽이 나 있어서 '빌로도재니등에'라는 이름이 붙었다. '빌로도'는 부드러운 천 이름이다. 이른 봄과 가을에 나타난다. 꽃에 다가가면 공중에서 잠시 멈췄다가 천천히 내려앉아 긴 주둥이로 꿀을 빤다. 날 때는 윙윙대는 날갯짓 소리가 나고 재빠르다. 암컷은 다른 벌레 애벌레나 번데기 몸에 알을 하나씩 붙여 낳는다. 알에서 깨어 나온 애벌레는 붙어 있던 애벌레나 번데기 즙을 빨아 먹는다

분류 꽃등에과
크기 8~11mm
나타나는 때 4~11월
먹이 꿀, 꽃가루
탈바꿈 갖춘탈바꿈

호리꽃등에 *Episyrphus balteata*

호리꽃등에는 흔하게 볼 수 있다. 무척 잘 날아서 공중에서 멈추기도 하고 재빨리 방향을 바꾸어 날기도 한다. 이른 봄부터 가을까지 온갖 꽃에서 꿀을 빤다. 사람 손등이나 팔에 앉아 땀을 핥아 먹기도 한다. 벌과 닮았지만 독침은 없다. 꿀을 먹으러 옮겨 다니면서 꽃가루받이를 돕는다. 애벌레는 무당벌레나 풀잠자리 애벌레처럼 진딧물을 먹고 자라서 꽃이나 과일나무를 기를 때 도움이 된다. 어른벌레는 이 주에서 한 달쯤 산다.

배짧은꽃등에 *Eristalis cerealis*

분류 꽃등에과
크기 14~15mm
나타나는 때 4~11월
먹이 꿀, 꽃가루
탈바꿈 갖춘탈바꿈

꽃등에 꼬리벌꽃등에[북] *Eristalis tenax*

꽃등에는 꼭 벌처럼 생겼다. 벌과 함께 섞여 있으면 가려내기 어렵다. 벌과 달리 날개가 한 쌍 뿐이고 침이 없다. 꽃에 날아와 꽃가루와 꿀을 핥아 먹고 꽃가루받이를 돕는다. 애벌레는 구더기처럼 생겼고 배 끝에 긴 돌기가 있다. 더러운 웅덩이나 연못가 썩은 흙속에서 산다. 숨을 쉴 때는 긴 꼬리를 물 밖으로 내놓고 숨을 쉰다. 어른벌레는 꽃가루와 꿀을 먹지만 애벌레는 썩은 흙을 먹는다. 번데기로 땅속에서 겨울을 난다. 어른벌레는 두 달쯤 산다.

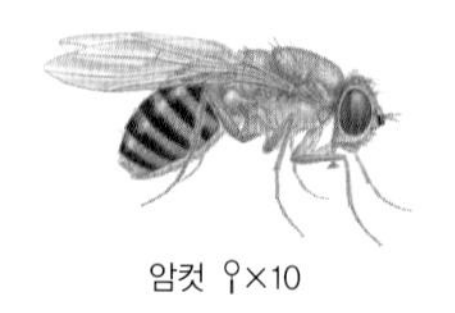
암컷 ♀×10

포도 껍질에 모인 노랑초파리

분류 초파리과
크기 2mm
나타나는 때 3~10월
먹이 썩은 과일, 과일 껍질
탈바꿈 갖춘탈바꿈

노랑초파리 *Drosophila melanogaster*

노랑초파리는 몸집이 아주 작고 노랗다. 집에 사는 초파리 가운데 가장 흔하다. 썩은 과일이나 과일 껍질같이 신맛이 나는 음식이 있으면 금세 다글다글 모여든다. 어둡고 축축하고 따뜻한 곳을 좋아한다. 봄부터 가을까지 사는데 아주 더운 한여름에는 많지 않다. 따뜻한 집 안에서는 한 해 내내 산다. 짝짓기를 하고 썩은 과일이나 과일 껍질 위에 알을 낳는다. 애벌레도 썩은 과일이나 신맛 나는 음식을 먹는다. 알에서 어른벌레가 되는데 보름쯤 걸린다.

검정볼기쉬파리 *Helicophagella melanura* ♀×3

된장에 생긴 구더기

번데기　　번데기에서 나오는 어른벌레

분류 쉬파리과
크기 7~13mm
나타나는 때 4~10월
먹이 똥, 썩은 고기나 생선
탈바꿈 갖춘탈바꿈

쉬파리 포리 Sarcophagidae

쉬파리는 집 안보다 집 밖에 더 많다. 똥이나 생선이나 썩은 고기에 애벌레인 '쉬'를 낳는다. 다른 파리는 알을 낳지만 쉬파리는 어미 배 속에서 알이 깬다. 생선 위에 쉬를 슬면 몇 시간 뒤에 구더기가 들끓는다. 구더기는 똥이나 썩은 고기를 먹고 자란다. 된장이나 간장독 안에도 쉬를 슨다. 파리는 여기저기 더러운 곳을 돌아다니며 몸에 균이 붙은 채 음식에 앉기 때문에 장티푸스, 콜레라 같은 병을 옮긴다.

분류 기생파리과
크기 10~18mm
나타나는 때 4~10월
먹이 꽃가루, 꿀
탈바꿈 갖춘탈바꿈

뒤영기생파리 *Tachina jakovlevi*

뒤영기생파리는 집에는 안 들어오고 높은 산에 살면서 꽃가루나 꿀을 먹는다. 봄부터 가을까지 산꼭대기에서 흔히 볼 수 있다. 기생파리는 다른 벌레 몸속에 알을 낳는다. 암컷은 나비나 벌, 나방, 다른 파리들을 쫓아가서 내려앉기를 기다렸다가 재빨리 산란관을 꽂아 몸속에 알을 낳는다. 나뭇가지나 풀잎에 알을 낳기도 하는데, 알에서 깬 애벌레는 지나가는 곤충 몸을 뚫고 들어가 산다. 애벌레가 다 자라서 곤충 몸 밖으로 나오면 그 곤충은 죽는다.

분류 기생파리과
크기 8~12mm
나타나는 때 6~8월
먹이 꽃가루
탈바꿈 갖춘탈바꿈

중국별뚱보기생파리 *Ectophasia rotundiventris*

중국별뚱보기생파리는 몸집이 작고 통통하다. 여름에 풀잎이나 꽃 위에 앉아 있다. 도시에서는 보기 힘들다. 애벌레 먹이가 되는 곤충이 흔한 산에 많다. 어른벌레는 꽃가루를 먹고 산다. 움직임이 재빨라서 잡으려고 하면 얼른 도망갔다가 자기가 앉았던 꽃으로 되돌아온다. 다른 기생파리처럼 다른 곤충 몸속에 알을 낳고 애벌레는 그 곤충을 먹고 자란다. 중국별뚱보기생파리는 꽁무니에 까만 띠가 또렷한데, '뚱보기생파리'는 까만 띠가 없고 점이 있다.

우묵날도래 *Nemotaulius admorsus* ♀×1

가랑잎을 엮은 집 속에 숨은
띠우묵날도래 애벌레

분류 우묵날도래과
크기 25~30mm
나타나는 때 4~10월
먹이 나무즙
탈바꿈 갖춘탈바꿈

날도래 풀미끼[북], 돌누에 Trichoptera

날도래는 4월과 10월 사이 물이 맑은 골짜기에서 흔히 본다. 밤에 많이 날아다니는데 냇가에 불을 켜면 모여든다. 애벌레 때는 물속에서 산다. 입에서 거미줄 같은 실을 토해 나뭇잎이나 자잘한 나뭇가지, 모래알 따위를 붙여 집을 만든다. 집 속에 몸을 숨기고 기어 다니면서 작은 벌레나 물풀을 먹는다. 어른벌레가 되면 물 밖으로 나온다. 나방과 닮았지만 나방과 달리 날개가 반투명하며 가루가 없고 짧은 털이 있다. 어른벌레는 한 달쯤 산다.

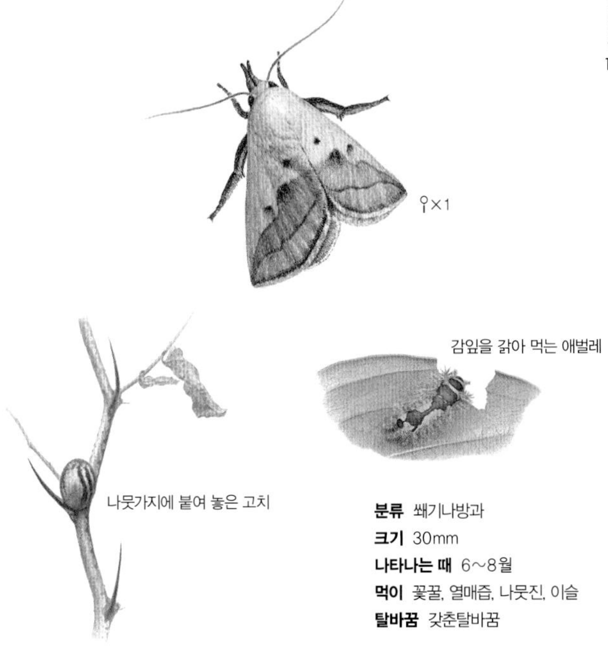

분류 쐐기나방과
크기 30mm
나타나는 때 6~8월
먹이 꽃꿀, 열매즙, 나뭇진, 이슬
탈바꿈 갖춘탈바꿈

노랑쐐기나방 쐐기밤나비[북] *Monema flavescens*

노랑쐐기나방은 밤에만 움직이고 불빛에 잘 모여든다. 애벌레가 '쐐기'다. 쐐기 몸에는 가시 같은 털이 있는데 독이 있어서 찔리면 빨갛게 부어오르고 쓰리고 따갑다. 쐐기는 한여름에 나뭇잎을 갉아 먹고 산다. 커갈수록 먹성이 좋아져서 잎맥만 남기고 다 먹어치운다. 다 자란 쐐기는 나뭇가지에 새알처럼 생긴 고치를 만들고 겨울잠을 잔다. 이듬해 오월 번데기를 만들고 6~7월쯤 고치에서 나와 나방이 된다. 우리나라에는 쐐기나방이 22종쯤 있다.

분류 자나방과
크기 57~75mm
나타나는 때 6~8월
먹이 열매즙, 나뭇진, 이슬
탈바꿈 갖춘탈바꿈

노랑띠알락가지나방 *Biston panterinaria*

노랑띠알락가지나방은 나무가 우거진 산에 많이 산다. 몸집이 크고 날개도 큰데, 수컷보다 암컷이 더 크다. 여름밤에 많이 날아다닌다. 이 나방은 자나방 무리에 딸린 나방인데 자나방 애벌레를 '자벌레'라고 한다. 자벌레는 배 한쪽 끝을 나뭇가지에 꼭 붙이고 잔가지가 뻗은 방향으로 머리를 들고 서 있다. 이 모습이 꼭 나뭇가지 같아서 눈에 잘 안 띈다. 넓은잎나무는 잎을 가리지 않고 다 갉아 먹는다. 숲에 많이 퍼지면 나무에 큰 피해를 준다.

고치를 뚫고 나온 누에나방 수컷 ♀×0.9

뽕잎을 먹는 누에

분류 누에나방과
크기 50mm
나타나는 때 1년 내내
먹이 안 먹는다.
탈바꿈 갖춘탈바꿈

누에나방 뽕누에나비[북] *Bombyx mori*

누에는 명주실을 뽑으려고 기른다. 누에고치에서 실을 뽑지 않고 두면 누에나방이 나온다. 누에나방은 오랫동안 사람이 길러서 몸이 둔해 날지 못한다. 아무것도 먹지 않고 열흘쯤 살면서 짝짓기를 하고 알을 낳는다. 알에서 갓 깬 누에는 개미만큼 작고 까만 털이 많다. 누에는 뽕잎을 갉아 먹고 큰다. 다 자란 누에는 어른 손가락만큼 굵고 뽀얀 젖빛이다. 다 자라면 번데기가 되려고 고치를 짓는데 이 고치에서 명주실을 뽑아 비단을 만든다.

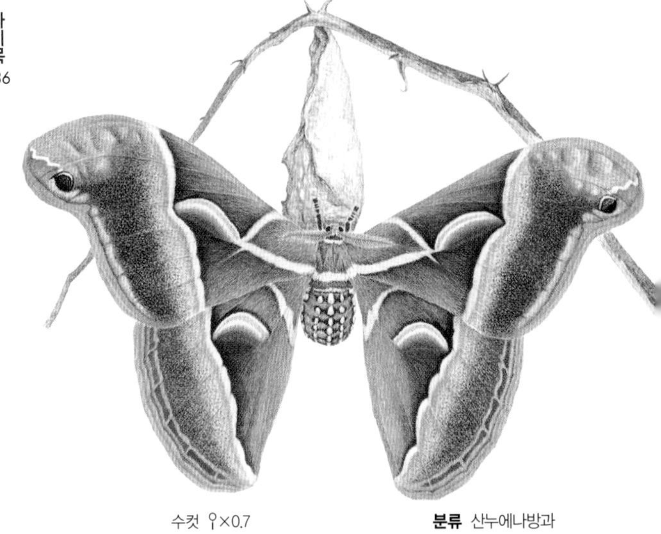

수컷 ♀×0.7

분류 산누에나방과
크기 110~140mm
나타나는 때 6~8월
먹이 이슬, 과일즙
탈바꿈 갖춘탈바꿈

가중나무고치나방 *Samia cynthia*

가중나무고치나방은 아주 크다. 날개를 편 길이가 15cm를 넘는 것도 있다. 앞날개 가장자리에 까만 점무늬가 있고 날개 가운데 초승달 같은 무늬가 있다. 넓은잎나무가 많은 산에 산다. 잘 안 날아다니고 가끔 밤에 불빛으로 모여든다. 애벌레는 넓은잎나무 잎을 먹고 산다. 몸집이 크고 많이 먹어서 몇 마리만 있어도 나무가 벌거숭이가 된다. 다 자라면 입에서 실을 뽑아 나뭇잎을 엮어 길쭉한 고치를 짓는다. 고치 속에서 번데기가 되어 겨울을 난다.

♀×0.8

분류 박각시과
크기 91~99mm
나타나는 때 4~8월
먹이 꿀, 나뭇진
탈바꿈 갖춘탈바꿈

점갈고리박각시 *Ambulyx ochracea*

점갈고리박각시는 날개가 세모꼴이고 밤색 점이 있다. 날개 끝이 뾰족한 갈고리 같아서 이런 이름이 붙었다. 산에 많이 사는데 푸드덕푸드덕 빠르게 날아다닌다. 낮에는 꼼짝 않고 있다가 밤에 날아다니는데 냄새를 맡고 꽃을 찾아서 꿀을 먹는다. 갈고리 같은 발톱을 꽃잎에 걸고 매달린 채 대롱 같은 주둥이로 꿀을 빤다. 새가 나타나면 도망가지 않고 날개를 위로 반쯤 들어 올려 더듬이를 세운 채 몸을 부르르 떨어서 다가오지 못하게 한다.

수컷 ♀×1

분류 박각시과
크기 41~44mm
나타나는 때 7~10월
먹이 꿀
탈바꿈 갖춘탈바꿈

작은검은꼬리박각시 꼭두서니박나비[북] *Macroglossum bombylans*

작은검은꼬리박각시는 나방이지만 나비처럼 낮에 날아다니고 밤에는 쉰다. 한낮보다는 해거름에 힘차게 움직인다. 7월 중순에서 10월 사이에 나타나는데 따뜻한 남쪽 지방에서는 봄에 나오기도 한다. 이 꽃 저 꽃 옮겨 다니며 꽃에서 꿀을 빨아 먹고 산다. 꿀을 먹을 때는 제자리에서 붕붕 날갯짓하며 빨대처럼 기다란 입을 꽃에 찌른 채 빨아 먹는다. 쉴 새 없이 옮겨 다니는 모습이 벌새나 큰 벌처럼 보인다.

암컷 ♀×1

나무줄기에 알을 낳는 매미나방

나뭇잎을 먹는 애벌레

분류 독나방과
크기 24~~45mm
나타나는 때 7~8월
먹이 꽃꿀, 나뭇진
탈바꿈 갖춘탈바꿈

매미나방 집시나방 *Lymantria dispar*

매미나방은 과수원이나 낮은 산에서 산다. 암컷은 몸집이 크고 멀리 날지 않는데 수컷은 암컷을 찾아 많이 날아다닌다. 여름에 나뭇가지에 누런 털 뭉치처럼 생긴 알집을 붙여 놓는다. 암컷은 알을 낳고 몸에 있는 털을 알에 덮어 둔다. 알집 속에서 겨울을 난 애벌레는 이듬해 봄에 깨어 나온다. 애벌레는 넓은잎나무, 바늘잎나무, 과일나무 잎을 가리지 않고 모조리 먹어 치운다. 갑자기 수가 늘어나면 나무에 큰 피해를 준다. 애벌레와 어른벌레 모두 독이 있어서 만지면 안 된다.

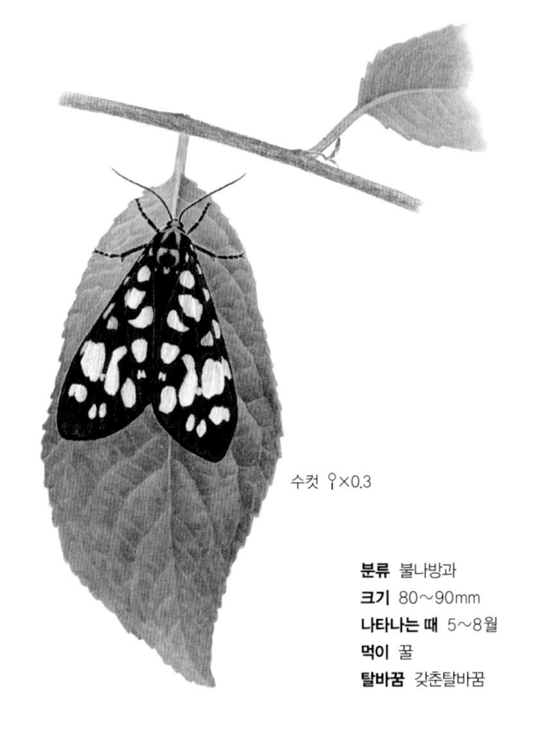

수컷 ♀×0.3

분류 불나방과
크기 80~90mm
나타나는 때 5~8월
먹이 꿀
탈바꿈 갖춘탈바꿈

흰무늬왕불나방 *Aglaeomorpha histrio*

흰무늬왕불나방은 우리나라에 사는 불나방 가운데 가장 크다. 까만 날개에 하얗고 노란 점이 얼룩덜룩 있다. 수컷은 암컷보다 날개가 가늘다. 넓은잎나무가 많은 숲과 낮은 산골짜기에서 산다. 5월 말에서 8월 말 사이에 흔히 본다. 꽃에 날아와 꿀을 먹는다. 나방이지만 낮에도 많이 움직인다. 쉴 때는 나뭇잎에 가만히 붙어 꼼짝 않는다. 밤에 불빛에 날아들기도 한다. 애벌레는 나뭇잎을 다 갉아 먹어서 나무에 큰 피해를 준다.

수컷 ♀×1

분류 팔랑나비과
크기 26~34mm
나타나는 때 5~8월
먹이 꿀
탈바꿈 갖춘탈바꿈

왕자팔랑나비 *Daimio tethys*

왕자팔랑나비는 낮은 산 언저리 넓게 트인 풀밭에 산다. 늦봄부터 여름 사이에 나타난다. 빠르게 날갯짓하면서 날아다니고, 앉아 있을 때는 나방처럼 날개를 펴고 앉는다. 엉겅퀴나 개망초 같은 풀에 날아와 꽃에서 꿀을 빨아 먹는다. 암컷은 마 잎 위에 알을 하나씩 낳는다. 배에 난 털을 알에 붙여 놓아서 천적이 못 알아보게 한다. 애벌레가 깨어 나오면 잎을 자르고 실을 뿜어서 집을 만들고 먹을 때만 집 밖으로 나온다. 다 자란 애벌레로 겨울을 난다.

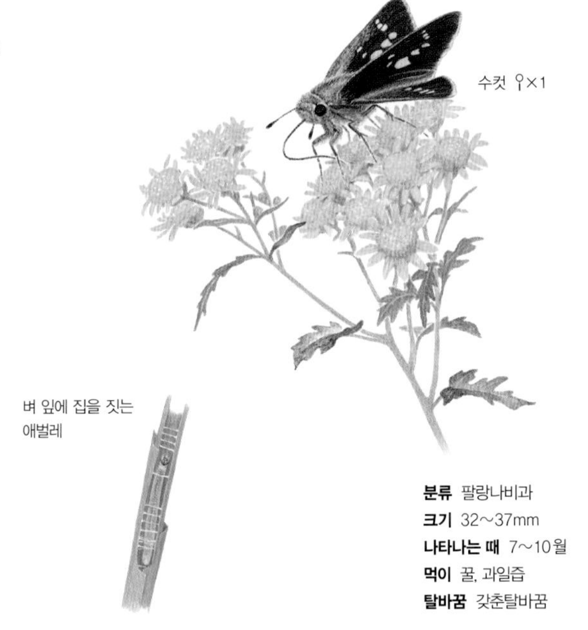

분류 팔랑나비과
크기 32~37mm
나타나는 때 7~10월
먹이 꿀, 과일즙
탈바꿈 갖춘탈바꿈

줄점팔랑나비 한줄꽃희롱나비[북] *Parnara guttatus*

줄점팔랑나비는 마을이나 개울 가까이 사는 작은 나비다. 날개에 하얀 점이 줄지어 있어서 '줄점팔랑나비'라고 한다. 엉겅퀴나 국화꽃에서 꿀을 빨거나 썩은 과일즙을 빨아 먹는다. 7월 초부터 8월 초 사이에 논에 날아와 벼 잎 위에 알을 하나씩 낳는다. 애벌레는 벼 잎 서너 장을 말아서 대롱처럼 집을 만든다. 낮에는 집에 숨어 있다가 밤에 나와서 잎을 갉아 먹는다. 애벌레가 벼 잎을 갉아 먹으면 이삭이 잘 안 여문다. 벼 말고도 보리, 갈풀, 억새 따위 벼과 식물을 먹는다.

분류 호랑나비과
크기 43~53mm
나타나는 때 5~6월
먹이 꿀
탈바꿈 갖춘탈바꿈

모시나비 모시범나비[북] *Parnassius stubbendorfii*

모시나비는 날개가 여름에 입는 모시처럼 얇고 속이 비친다. 그래서 이름도 '모시나비'다. 들판이나 낮은 산 둘레 풀밭에서 산다. 5월에서 6월 초에 나타난다. 아침과 저녁, 흐린 날에 더 힘차게 날아다닌다. 기린초, 토끼풀, 엉겅퀴 같은 꽃에서 꿀을 빨아 먹는다. 암컷이 꿀을 빨고 있으면 수컷이 다가와 짝짓기를 한다. 짝짓기를 마친 암컷은 현호색 둘레에 있는 마른 풀잎에 알을 하나씩 낳아 붙인다. 알로 겨울을 나고 봄에 애벌레가 나오면 현호색 잎을 먹고 자란다.

암컷 ♀×0.7

족도리풀을 먹는 애벌레

분류 호랑나비과
크기 47~52mm
나타나는 때 4~5월
먹이 꿀
탈바꿈 갖춘탈바꿈

애호랑나비 *Luehdorfia puziloi*

애호랑나비는 호랑나비보다 조금 작다. 4월 초에 나타나서 5월 중순이 지나면 사라진다. 낮은 산골짜기나 숲 가장자리를 날아다니면서 진달래, 민들레, 얼레지 같은 꽃에서 꿀을 빤다. 암컷은 족도리풀을 찾아가 잎 뒷면에 알을 낳는다. 애벌레가 깨어 나오면 이 잎을 먹고 자란다. 6월쯤 번데기가 되어 그대로 겨울을 난다. 애벌레는 족도리풀만 먹는데 사람들이 약으로 쓰려고 많이 캐서 요즘에는 애호랑나비를 보기 힘들다.

산호랑나비 수컷 *Papilio machaon*

분류 호랑나비과
크기 60～120mm
나타나는 때 4～10월
먹이 꿀
탈바꿈 갖춘탈바꿈

호랑나비 범나비 *Papilio xuthus*

호랑나비는 들판이나 낮은 산, 마당이나 공원에서 볼 수 있다. 봄과 여름에 나타난다. 앞다리로 맛을 보고 빨대같이 생긴 입으로 꽃에서 꿀을 빨아 먹는다. 암컷은 탱자나무, 산초나무, 귤나무처럼 냄새가 나는 나무를 찾아가 알을 낳는다. 애벌레가 깨면 번데기가 될 때까지 그 나뭇잎을 갉아 먹으며 산다. 다 자란 애벌레는 적을 쫓는 누런 뿔을 머리 뒤에 숨기고 있다가 위험할 때 내밀어 구린내를 풍긴다. 뒷날개 안쪽 가장자리에 빨간 점이 뚜렷하면 산호랑나비다.

암컷 ♀×0.6

분류 호랑나비과
크기 봄형 63~70mm, 여름형 79~85mm
나타나는 때 5~8월
먹이 꿀
탈바꿈 갖춘탈바꿈

긴꼬리제비나비 *Papilio macilentus*

긴꼬리제비나비는 몸과 날개가 크고 까맣다. 뒷날개 끝이 꼬리처럼 길게 뻗는다. 참나무가 많은 울창한 숲이나 길가에서 5월부터 8월 사이 흔히 볼 수 있다. 느리게 날지만 제비가 미끄러지듯 잘 날아다닌다. 좀처럼 안 내려앉고 길을 따라 난다. 그러다가 꽃에 앉아 꿀을 빨아 먹는다. 앉아서도 살짝살짝 날갯짓한다. 암컷은 귤나무, 산초나무를 찾아 어린 줄기나 잎 뒷면에 알을 하나씩 낳는다. 애벌레가 귤나무 잎을 갉아 먹어 귤밭에 피해를 준다.

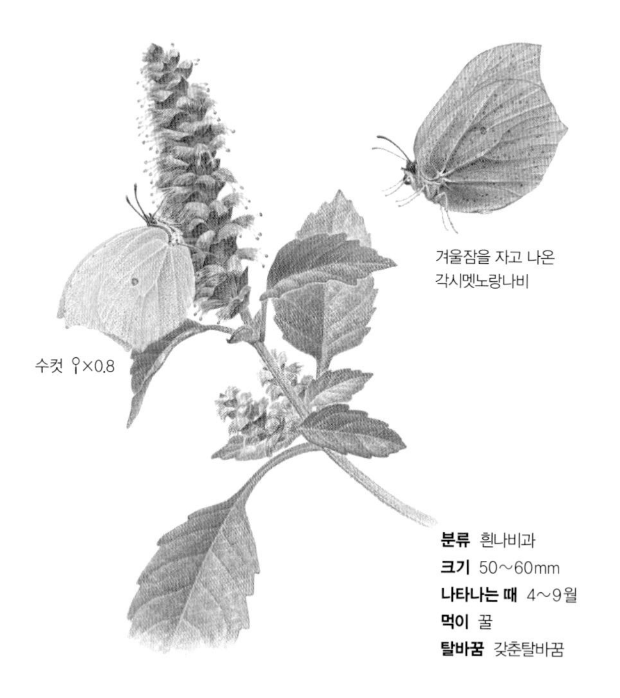

분류 흰나비과
크기 50~60mm
나타나는 때 4~9월
먹이 꿀
탈바꿈 갖춘탈바꿈

각시멧노랑나비 봄갈구리노랑나비[북] *Gonepteryx mahaguru*

각시멧노랑나비는 넓은잎나무가 많은 산길이나 숲 가장자리에 산다. 꽃에 앉은 모습이 새색시처럼 다소곳하다고 이름에 '각시'가 붙었다. 빨간 꽃이나 보라색 꽃을 좋아해서 엉겅퀴나 큰꼬리풀에 자주 날아든다. 여름 들머리에서 가을 들머리까지 산과 들에서 볼 수 있다. 한여름과 겨울에는 잠을 잔다. 겨울잠을 자고 나면 날개에 밤색 점이 많이 생기고 색이 바랜다. 암컷은 애벌레 먹이인 갈매나무 어린잎에 알을 하나씩 낳는다.

수컷 ♀×1

개망초꽃에서 꿀을 빠는 모습

분류 흰나비과
크기 38~43mm
나타나는 때 3~10월
먹이 꿀
탈바꿈 갖춘탈바꿈

노랑나비 *Colias erate*

노랑나비는 볕이 잘 들고 탁 트인 풀밭 위를 재빠르게 날아다닌다. 날개는 노랗고 가장자리만 조금 까맣다. 봄부터 가을까지 흔히 볼 수 있다. 민들레, 개망초, 토끼풀 같은 들꽃에 내려앉아 꿀을 빤다. 암컷은 날개가 하얀 것도 있는데 노란 암컷에 수컷이 더 많이 모인다. 수컷끼리 만나면 서로 날개를 쳐서 쫓아낸다. 암컷은 토끼풀이나 비수리 같은 풀잎 뒷면에 알을 하나씩 낳아 붙인다. 애벌레가 콩잎을 먹어서 농사에 해를 끼치기도 한다.

배추 잎을 갉아 먹는 애벌레

분류 흰나비과
크기 45~65mm
나타나는 때 6~10월
먹이 꿀
탈바꿈 갖춘탈바꿈

배추흰나비 흰나비 *Pieris rapae*

배추흰나비는 채소밭에서 흔히 날아다닌다. 파나 무, 배추 장다리꽃에서 꿀을 빨고 잎 뒷면에 길쭉하고 노르스름한 알을 낳는다. 애벌레는 '배추벌레'라고 하는데 배추, 유채, 겨자 잎을 갉아 먹는다. 6~7월, 9~10월에 많이 나타나는데 봄가을에는 낮에 갉아 먹고 여름에는 아침 저녁에만 갉아 먹는다. 쉴 때는 고갱이나 잎줄기 속에 숨는다. 자라면서 잎맥만 남기고 모조리 갉아 먹어서 농사에 큰 해를 입힌다. 손으로 하나하나 잡아야 한다. 하지만 어른벌레는 꽃가루받이를 돕는다.

수컷 ♀×0.9

날개를 접고 앉은 갈구리나비

분류 흰나비과
크기 40~45mm
나타나는 때 4~6월
먹이 꿀
탈바꿈 갖춘탈바꿈

갈구리나비 갈구리흰나비[북] *Anthocharis scolymus*

갈구리나비는 이른 봄에만 나타난다. 날개 끝이 뾰족하게 구부러져서 갈고리 같다. 한 곳에서 바쁘게 왔다갔다 날고 서늘해지면 나뭇잎에 매달려 쉰다. 민들레, 나무딸기, 냉이꽃에 날아와 꿀을 빤다. 다른 나비와 달리 물가에서 물을 먹는 일이 없다. 암컷은 장대나물꽃이나 어린잎에 알을 하나씩 낳아 붙인다. 애벌레는 장대나물 잎과 열매를 갉아 먹으며 자란다. 석 달쯤 지나 번데기가 된다. 번데기로 아홉 달을 지내고 이듬해 봄에 어른벌레가 된다.

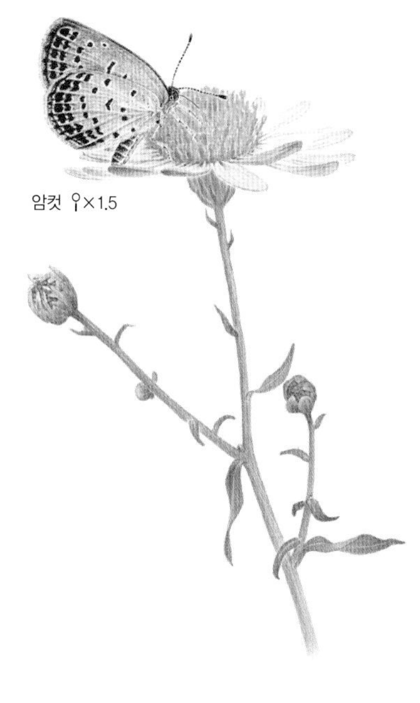

분류 부전나비과
크기 21~24mm
나타나는 때 4~11월
먹이 꿀
탈바꿈 갖춘탈바꿈

남방부전나비 *Pseudozizeeria maha*

남방부전나비는 공원이나 길가, 마당에서 볼 수 있다. 봄부터 가을까지 보이는데 따뜻한 곳에 많이 나타난다. 볕이 잘 드는 풀밭을 빠르게 날아다니고 몸집이 작다. 민들레나 개망초, 토끼풀 같은 들꽃에 앉아 쉬고 꿀도 먹는다. 특히 괭이밥이 있는 곳이면 어디든 눈에 띈다. 암컷은 괭이밥 뒷면에 알을 하나씩 낳아 붙이고 애벌레가 깨어 나오면 괭이밥 잎을 갉아 먹는다. 다 큰 애벌레는 줄기와 열매까지도 먹는다. 한 해에 너덧 번 어른벌레가 나온다.

수컷 ♀×1

분류 부전나비과
크기 20~26mm
나타나는 때 4~10월
먹이 꿀
탈바꿈 갖춘탈바꿈

작은주홍부전나비 *Lycaena phlaeas*

작은주홍부전나비는 봄부터 가을까지 내내 볼 수 있는 작은 나비다. 논둑, 밭둑, 풀숲, 도시 어디서나 흔히 볼 수 있다. 여러 들꽃에 날아가 꿀을 빨아 먹는다. 낮은 풀 위를 재빠르게 날지만 멀리 날지는 않는다. 암컷은 몸이 크고 무거워서 나는 모습이 둔해 보인다. 수컷끼리는 서로 날개를 쳐서 쫓아낸다. 암컷은 수영이나 소리쟁이를 찾아가 줄기나 잎 뒷면에 알을 하나씩 낳아 붙인다. 한 해에 서너 번 알을 낳고 어른벌레가 된다. 애벌레로 겨울을 난다.

겨울을 난 뿔나비 ♀×0.9

팽나무 잎을 갉아 먹는 애벌레

분류 네발나비과
크기 40~50mm
나타나는 때 3~10월
먹이 썩은 과일, 죽은 동물
탈바꿈 갖춘탈바꿈

뿔나비 *Libythea celtis*

뿔나비는 넓은잎나무가 우거진 골짜기에 모여 산다. 주둥이 아래가 길게 튀어나와 긴 뿔이 난 것 같다. 볕이 잘 드는 덤불에서 겨울잠을 자고 3월이면 깨어나서 날아다닌다. 한여름에도 여름잠을 자는데 그대로 이듬해 봄까지 자기도 한다. 암컷은 팽나무에 새 잎이 벌어지기 시작하면 벌어진 잎 속에 배를 깊숙이 넣고 알을 낳는다. 애벌레는 한데 모여 잎을 갉아 먹는다. 심하면 온 나뭇잎을 다 갉아 먹는다. 한 해에 한번 어른벌레가 된다.

분류 네발나비과
크기 42~47mm
나타나는 때 1년 내내
먹이 꿀, 썩은 과일즙
탈바꿈 갖춘탈바꿈

네발나비 남방씨무늬수두나비[북] *Polygonia c-aureum*

곤충은 다리가 여섯 개인데, 네발나비는 다리가 네 개로 보인다. 앞다리 두 개는 쓰지 않아서 눈에 안 보일 만큼 작아졌다. 논밭 언저리나 개울가, 도시 어디서나 흔히 볼 수 있다. 여름에는 개망초꽃에서 꿀을 빨아 먹고 가을에는 구절초, 코스모스, 국화에서 꿀을 빨아 먹는다. 암컷은 환삼덩굴에 알을 낳는다. 애벌레는 환삼덩굴 잎 뒷면에서 잎을 우산꼴로 접어 집을 만들어 숨는다. 먹을 때만 집 밖으로 나온다. 어른벌레로 겨울을 난다.

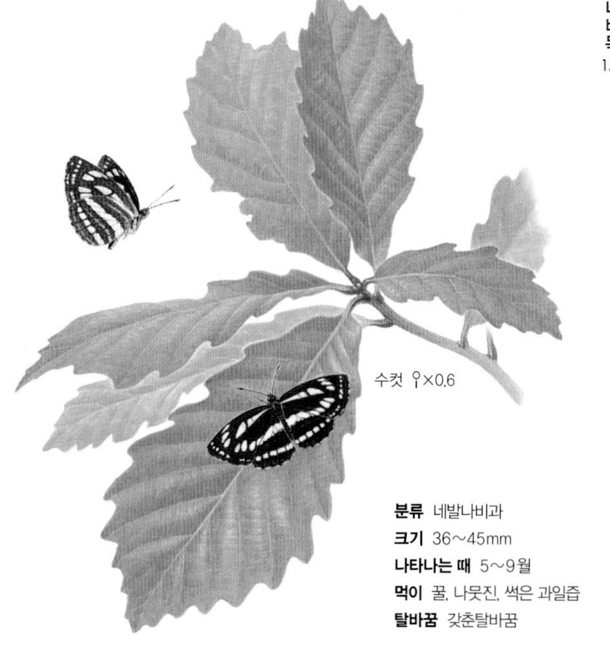

분류 네발나비과
크기 36~45mm
나타나는 때 5~9월
먹이 꿀, 나뭇진, 썩은 과일즙
탈바꿈 갖춘탈바꿈

애기세줄나비 *Neptis sappho*

애기세줄나비는 세줄나비 가운데 가장 작다. 날개에 하얀 줄무늬가 석 줄 있다. 숲 가장자리 풀밭이나 공원에서 볼 수 있다. 쥐똥나무, 나무딸기, 산초나무에서 꽃을 찾아 꿀을 빨아 먹는다. 먹을 때 날개를 접었다 폈다 한다. 암컷은 싸리나무 같은 콩과 식물 잎에 알을 하나씩 낳아 붙인다. 애벌레는 몸 빛깔이 나뭇가지와 닮았고 잘 안 움직여서 눈에 안 띈다. 날씨가 추워지면 애벌레는 잎자루와 가지를 실로 묶어서 마른 잎에 매달린 채로 겨울을 난다.

곤충 더 알아보기

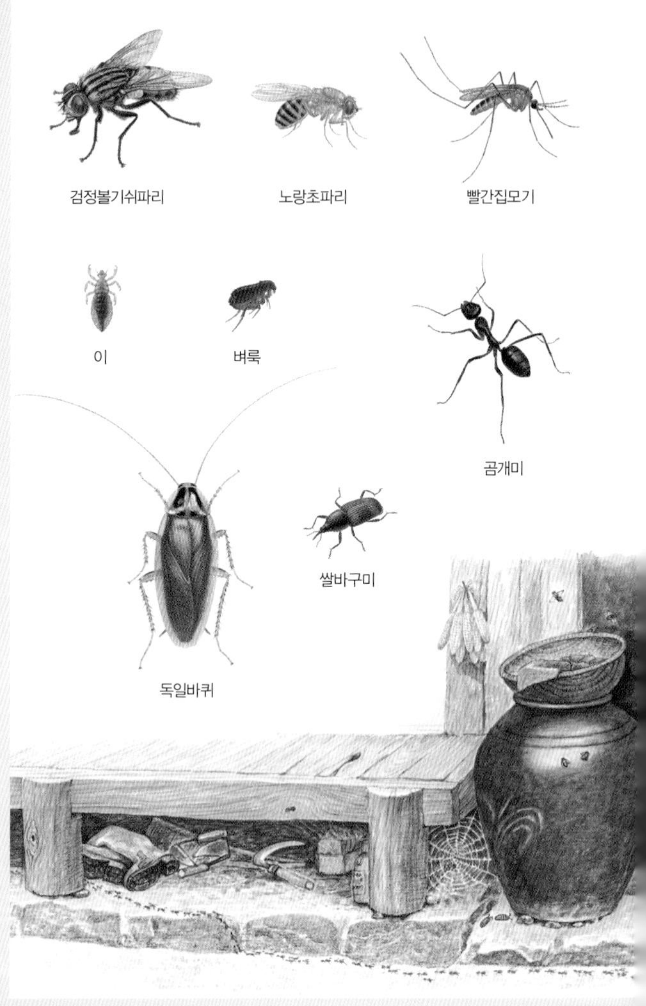
검정볼기쉬파리
노랑초파리
빨간집모기
이
벼룩
곰개미
쌀바구미
독일바퀴

우리와 함께 사는 곤충

집에 사는 곤충

집은 비바람과 추위와 더위를 피해 편히 쉴 수 있는 곳이다. 사람이 살려고 만들었지만 여러 곤충이 살기에도 좋다. 비나 눈을 피할 수 있을 뿐 아니라 먹을 것도 있다. 또 천적을 피해 몸을 숨길 곳도 많다.

부엌에는 집파리가 흔하다. 거름 더미나 똥오줌이 집파리 애벌레인 구더기 먹이가 되기 때문에 도시보다 시골에 더 많다. 부엌이나 화장실에는 바퀴가 많다. 바퀴는 밝은 것을 싫어해서 낮에는 어두운 곳에 숨어 있다가 밤에 나와 돌아다닌다. 바퀴는 시골보다 도시에 많다. 본디 열대지방에 살던 곤충이라 아파트처럼 겨울에도 따뜻한 곳에서 살기 때문이다. 한여름 밤에는 모기가 날아다니면서 사람을 문다.

광이나 부엌에 갈무리해 둔 쌀, 보리, 콩, 팥에도 곤충이 산다. 쌀독에는 쌀바구미가 나고 콩이나 팥에는 콩바구미, 팥바구미가 산다. 벌레가 밖으로 나와서 눈에 띌 정도가 되면 벌써 곡식을 많이 갉아 먹은 것이다. 부엌이나 찬장, 방바닥 장판 틈에서는 개미들이 줄지어 다니는 것을 볼 수 있다. 과자 부스러기가 있으면 바글바글 꼬인다.

옛날에는 좀이나 빈대도 집에 흔했다. 좀은 광이나 책꽂이에 숨어 산다. 종이나 벽지에 바른 풀 따위를 먹고 산다. 빈대는 가구나 이불에 숨어 있다가 밤에 나와서 피를 빨아 먹는다. 1950년대부터 살충제를 치기 시작하면서 요즘은 거의 사라졌다.

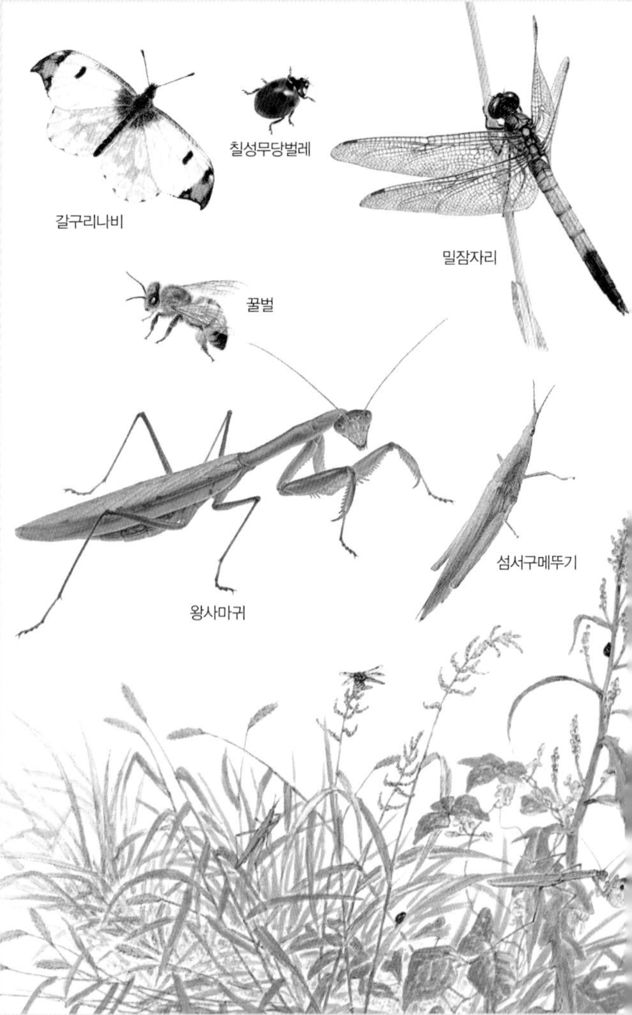
갈구리나비
칠성무당벌레
밀잠자리
꿀벌
왕사마귀
섬서구메뚜기

들에 사는 곤충

곤충은 논밭에도 있고 풀밭이나 땅속에도 산다. 철마다 나타나는 곤충이 다르다. 짐승에 붙어살거나 똥을 먹고 사는 곤충도 있다.

삼월 말쯤 되면 겨울 동안 움츠렸던 곤충들이 나오기 시작한다. 밭둑이나 집 가까이에는 번데기에서 갓 깨어난 배추흰나비가 날고, 산자락에서는 갈구리나비와 호랑나비가 날아다닌다. 늦봄이 되면 밀잠자리가 풀밭을 날아다닌다. 알에서 갓 깨어 나온 사마귀 애벌레들은 풀잎 사이를 누비고 다닌다. 볕이 잘 드는 곳에서는 무당벌레가 풀 줄기를 오르내린다. 유채 밭에서는 노랑나비가 꿀을 찾아서 날아다닌다. 꿀벌들은 온갖 봄꽃에서 꿀을 모으느라 바쁘다.

여름이 오면 장맛비가 오고 더워진다. 이때 먹이를 찾아 부지런히 돌아다니는 곤충도 많다. 엉겅퀴꽃에서는 모시나비가 꿀을 빤다. 풀숲에서는 왕사마귀나 좀사마귀가 앞발을 들고 먹이가 다가오기를 기다린다. 여치 울음소리도 들리고 방아깨비와 섬서구메뚜기도 볼 수 있다. 장맛비가 갠 맑은 날에는 된장잠자리가 날아다닌다.

가을이 오면 풀밭에서는 왕귀뚜라미가 운다. 들판에 쑥부쟁이, 구절초, 참취나물 같은 가을꽃이 피면 네발나비가 꿀을 빤다. 누렇게 물든 논에서는 벼메뚜기가 뛰어다니고, 사마귀는 풀줄기에 거꾸로 매달려 거품에 싸인 알을 낳는다.

고마로브집게벌레
호랑나비
풀색꽃무지
애반딧불이
검은다리실베짱이
참매미

산에 사는 곤충

우리나라는 산이 많고 남북으로 길게 뻗어 있어서 한대, 온대, 아열대 기후를 모두 가지고 있다. 그래서 여러 가지 풀과 나무가 자라고 그 식물을 먹고 사는 곤충도 많다.

봄에 산길을 걷다 보면 가랑잎 위에 날개를 펴고 앉아 햇볕을 쬐는 뿔나비를 볼 수 있다. 산기슭마다 빨갛게 진달래꽃이 피면 호랑나비가 날아온다. 산길을 오르다 보면 길앞잡이가 길을 알려 주 듯 앞서서 날아다닌다.

여름이 오면 산꼭대기 풀밭에서 산호랑나비가 날고 산자락에서는 애기세줄나비가 날아다닌다. 개망초꽃에서는 작은주홍부전나비가 꿀을 빤다. 아까시나무나 참나무 잎에는 나뭇가지처럼 생긴 대벌레가 잎을 갉아 먹고 있다. 줄기에는 고마로브집게벌레가 집게를 치켜들고 도망친다.

한여름이 되면 숲에서 털매미가 울기 시작한다. 참매미, 말매미, 쓰름매미, 애매미가 줄줄이 나타나 '맴 맴 맴 맴 매앰', '찌이이이', '쓰으름 쓰으름'하면서 저마다 다른 소리로 시끌벅적 운다. 산자락 풀밭에서 풀색꽃무지들이 꽃 속을 파고든다. 밤이 되면 애반딧불이가 반짝반짝 빛을 내면서 날아다닌다.

가을이 오면 숲에서 베짱이나 귀뚜라미 같은 풀벌레 소리가 시끌시끌하다. 감국꽃에서 네발나비가 꿀을 빨고, 무당벌레들이 볕이 잘 드는 산기슭으로 모여 겨울잠 잘 준비를 한다.

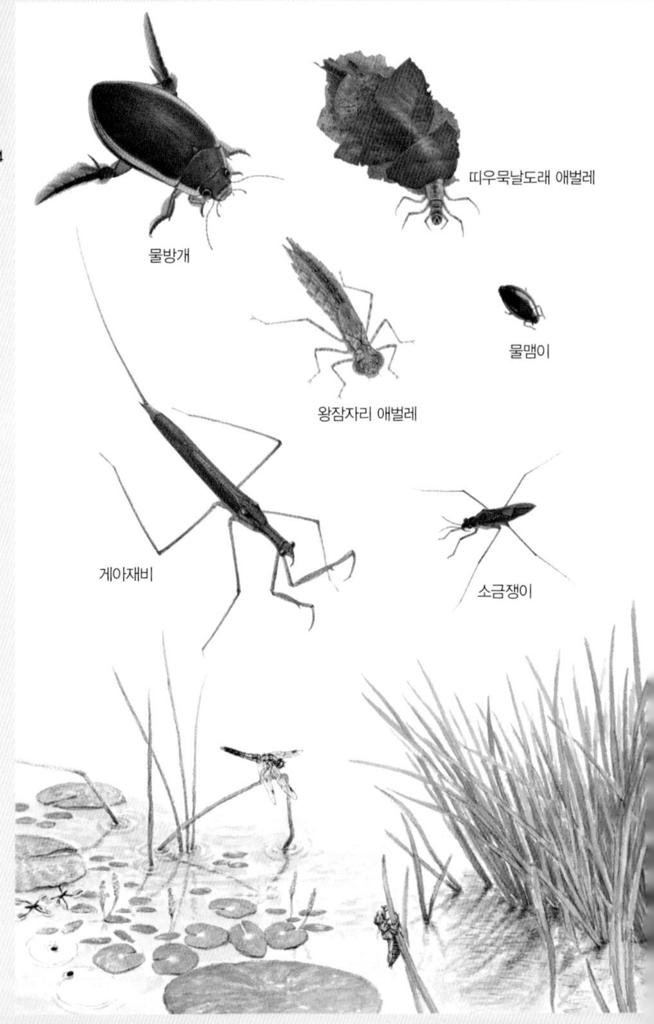
물방개
띠우묵날도래 애벌레
왕잠자리 애벌레
물맴이
게아재비
소금쟁이

물에 사는 곤충

시냇물이나 강이나 골짜기에 흐르는 물, 논이나 못이나 저수지처럼 고인 물에서도 곤충이 산다. 비 온 뒤 잠깐 생긴 웅덩이에도 곤충이 모여든다. 물에 사는 곤충 가운데는 물낯 가까이 사는 것도 있고, 물속에 사는 것도 있고, 물 밑바닥을 기어 다니며 사는 것도 있다.

게아재비나 물자라는 평생 물속에서 산다. 하루살이나 날도래, 모기, 꽃등에, 잠자리는 애벌레 때 물속에 살고 어른벌레는 땅 위를 날아다닌다. 하루살이 애벌레는 물속에 떨어진 썩은 나뭇조각이나 물풀을 먹는다. 잠자리 애벌레는 물벼룩이나 올챙이나 작은 물고기를 잡아먹는다. 물방개는 살아 있는 벌레나 죽은 벌레, 물고기를 큰 턱으로 뜯어 먹는다.

늪이나 못에는 물 위를 미끄러지듯 걸어 다니는 소금쟁이를 흔히 볼 수 있다. 물맴이는 여러 마리가 물 위에서 쉴 새 없이 동그라미를 그리며 뱅글뱅글 돈다. 물자라 수컷은 암컷이 낳은 알을 등에 붙이고 헤엄쳐 다닌다.

산골짜기 물이나 시냇물은 차고 맑고 물살이 빠르다. 이런 곳에는 하루살이 애벌레나 날도래 애벌레가 산다. 밤이 되면 반딧불이가 반짝반짝 불을 밝히며 날아다닌다.

요즘에는 논에 농약을 치고 산에도 큰 음식점이 생겨서 물이 많이 더러워졌다. 그래서 옛날에 흔했던 곤충들을 보기 힘들다.

이로운 곤충

사람과 곤충

이로운 곤충

우리 겨레는 오래 전부터 쓸모 있는 곤충을 찾아내 살림에 이롭게 써 왔다. 곤충을 그대로 쓰거나 곤충에게 생산물을 얻거나 곤충이 살아가는 생태를 이용해 도움을 받는다.

첫째, 그대로 쓰는 곤충에는 벼메뚜기가 있다. 벼메뚜기는 벼 잎을 갉아 먹는 해충이지만, 오십 년쯤 전만 해도 가을에 군것질로 먹었다. 누에 번데기도 삶아 먹는다. 쉬파리 애벌레인 구더기는 낚시 미끼로 많이 쓴다. 곤충은 약으로도 많이 쓴다. 땅강아지는 말려서 부스럼이나 입안에 난 상처에 약으로 쓴다. 가뢰에서 '칸다리딘'이라는 물질을 뽑아내 피부병 약으로 쓰고, 매미 허물은 신경통을 고치는 데 쓴다.

둘째, 곤충에서 생산물을 얻는 것은 누에와 꿀벌이 있다. 누에는 명주실을 얻으려고 삼천 년 전부터 길렀다. 꿀벌은 꿀을 얻으려고 오래 전부터 길렀다. 또 벌집에서는 밀랍을 뽑아 초를 만든다.

셋째, 사는 모습이 사람에게 이로운 곤충도 있다. 나비나 벌, 꽃등에, 풍뎅이 무리 가운데에는 꽃가루받이를 도와주는 곤충이 많다. 또 해충을 없애는 곤충도 있다. 솔잎혹파리먹좀벌은 소나무 해충인 솔잎혹파리 몸에 알을 낳는다. 칠성무당벌레나 풀잠자리는 애벌레나 어른벌레나 진딧물을 많이 먹어 치운다. 해충을 없애려고 살충제를 마구 뿌리면 이로운 곤충까지 모두 사라진다.

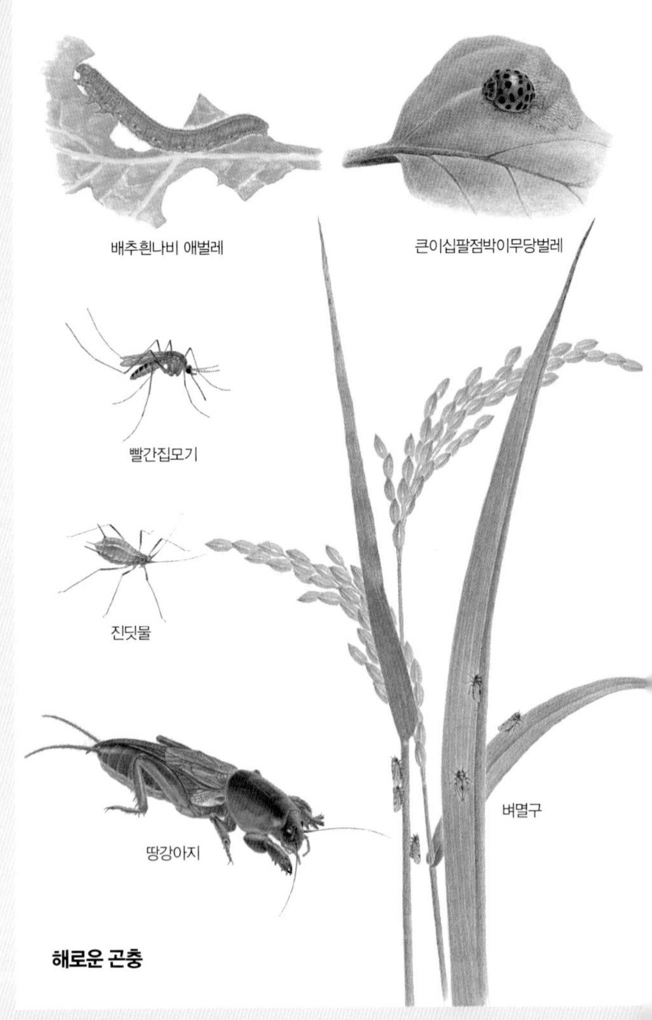

해로운 곤충

해로운 곤충

곤충 가운데는 사람에게 피해를 주는 곤충도 있다. 농작물을 갉아 먹어서 농사를 망치기도 하고, 짐승이나 사람 피를 빨면서 병을 옮기기도 한다.

배추흰나비 애벌레는 배추나 양배추 잎을 갉아 먹고, 큰이십팔점박이무당벌레는 가지나 감자 잎을 갉아 먹는다. 땅강아지나 굼벵이는 땅속에서 채소 뿌리를 갉아 먹는다. 진딧물이나 노린재무리, 벼멸구는 곡식이나 채소 잎과 줄기에서 즙을 빨아 먹는다. 산에도 해충이 생긴다. 소나무에 생기는 솔잎혹파리는 애벌레가 솔잎 밑에서 즙을 빨아 먹는다. 솔잎혹파리가 생기면 솔잎은 더 자라지 못하고 말라 죽는다. 쌀바구미나 화랑곡나방, 콩바구미는 갈무리해 둔 곡식을 갉아 먹는다.

모기, 이, 벼룩, 빈대, 소등에 따위는 사람이나 집짐승에 붙어서 피를 빨아 먹는다. 병을 옮기는 해충도 있다. 진딧물이 즙을 빨고 나면 채소나 곡식은 병에 잘 걸린다. 사람에게 무서운 전염병을 옮기기도 한다. 작은빨간집모기는 일본뇌염을 옮기고, 중국얼룩날개모기는 말라리아나 사상충을 옮긴다.

우리 겨레는 옛날부터 해충 피해를 줄이려고 애써 왔다. 겨울에는 논에다 물을 대서 해충이 겨울을 못 나게 했다. 또 한겨울이 오기 전에 논밭을 갈아엎어 땅속에 사는 애벌레를 없앴다. 겨울에 나무줄기를 볏짚으로 싸 두었다가 이른 봄에 벗겨서 태우기도 한다. 이렇게 하면 사람이나 환경에 해를 입히지 않고 해충을 줄일 수 있다.

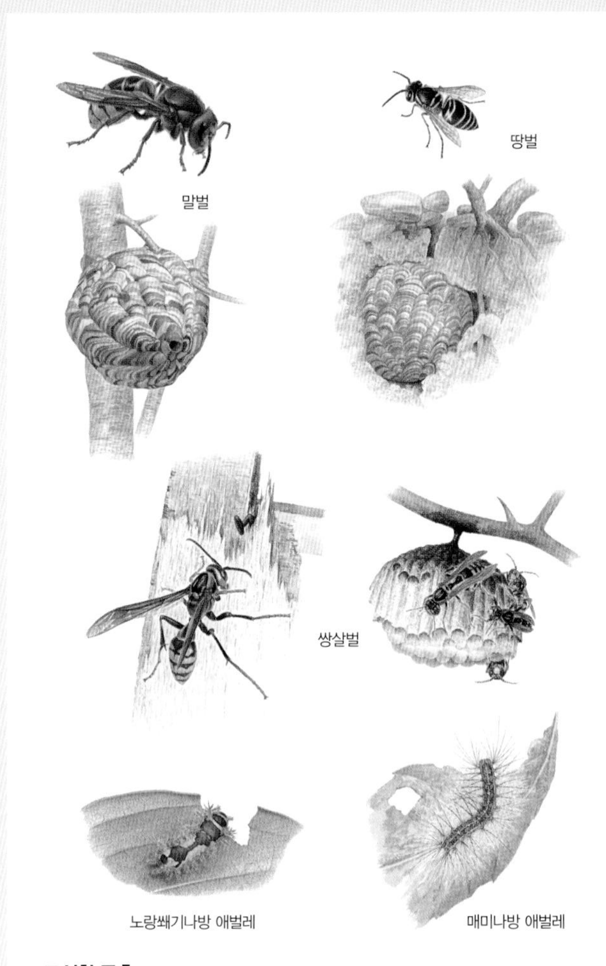

조심할 곤충

조심할 곤충

엔간한 곤충은 사람이 만져도 괜찮지만 깨물거나 독침을 쏘거나 피부병이 나게 하는 곤충도 있다. 이런 곤충은 함부로 만지면 안 된다.

독나방은 7월 중순부터 8월 초 사이에 나타나는데 밤에 전등불을 보고 달려든다. 어른벌레나 애벌레 모두 몸에 피부병을 일으키는 털이 있다. 살갗에 닿았을 때 바로 씻어 내면 괜찮지만 눈을 비비거나 살갗 속으로 스며들면 벌겋게 부어오른다. 쐐기나방 애벌레는 '쐐기'라고 하는데 몸에 독샘이 있는 센털이 나 있다. 쐐기한테 쏘이면 아주 아프다.

벌 가운데도 말벌 무리와 꿀벌 무리는 사람을 쏜다. 말벌은 건드리거나 벌집에 다가가면 사람에게 달려든다. 놀라서 손발을 허우적거리면 더 흥분해서 떼로 덤벼든다. 말벌에게 쏘이면 살갗이 벌겋게 부어오르면서 화끈거리고 아프다. 한꺼번에 여러 군데를 쏘이면 죽을 수도 있다. 쌍살벌은 크기가 크고 길쭉하게 생겼는데 집 가까이 많아서 사람이 많이 쏘인다. 꿀벌도 보통은 얌전하지만 건드리면 독침을 쏜다.

산에 가거나 벌초를 하러 갈 때는 맨살을 드러내지 않는 것이 좋다. 약국에서 파는 해독제를 준비해 가도록 한다. 들놀이를 할 때는 둘레에 주스나 음료수 빈병을 놓지 말고 단 것을 먹고 나면 입을 닦아서 벌이 달려들지 않게 한다.

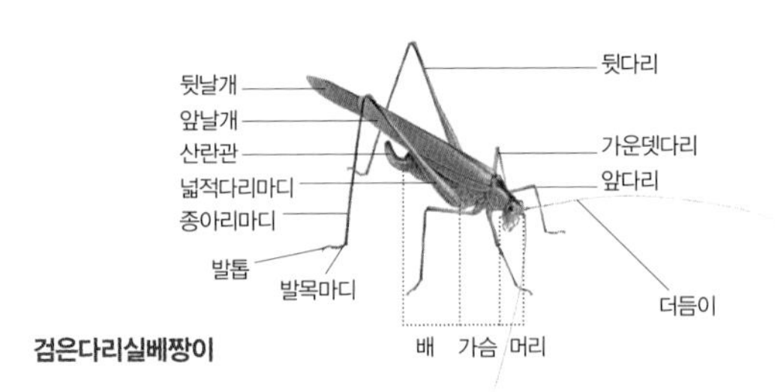

검은다리실베짱이

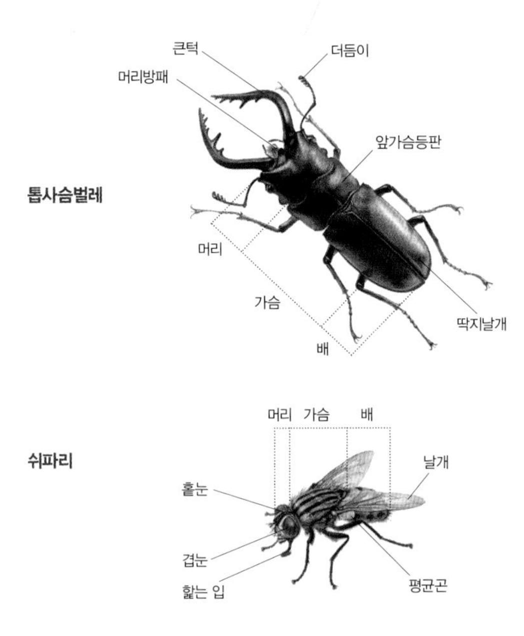

톱사슴벌레

쉬파리

곤충 몸을 가리키는 말

곤충이 살아가는 모습

곤충 생김새

곤충은 절지동물에 속한다. 절지동물은 '다리가 마디로 이루어져 있는 동물'이라는 뜻이다. 절지동물에는 곤충뿐만 아니라 게, 새우, 지네, 노래기, 거미, 진드기 같은 여러 동물이 있다.

곤충은 다른 절지동물과 달리 몸이 머리, 가슴, 배로 나뉜다. 곤충 머리에는 더듬이와 눈과 입이 있다. 더듬이는 한 쌍 있는데 냄새를 맡고 온도와 습기를 느낀다. 종, 암수, 사는 곳에 따라 다르게 생겼다. 어두운 곳에 사는 바퀴는 더듬이가 길고, 밝은 곳에 사는 잠자리는 더듬이가 짧다. 눈은 겹눈 한 쌍과 홑눈 세 개가 있다. 겹눈은 육각형 모양 낱눈이 모여 이루어졌다. 입은 먹이에 따라 곤충마다 다르게 생겼다. 메뚜기나 딱정벌레는 '씹는 입'이고 매미나 모기, 노린재는 입이 대롱처럼 생긴 '빠는 입'이고 파리는 '핥는 입'이다.

가슴은 세 마디고 마디마다 다리가 한 쌍씩 있다. 가운데가슴과 뒷가슴에 날개가 한 쌍씩 있는 것이 많다. 절지동물 가운데 곤충만 다리가 세 쌍이다. 곤충 다리는 걷고 뛰는 것이 본디 구실이지만 사마귀 앞다리는 먹이를 잡는데 알맞게 바뀌었고, 땅강아지 앞다리는 땅을 파기 좋게 바뀌었다.

절지동물 가운데 날개가 있는 것은 곤충뿐이다. 잠자리와 나비는 날개가 두 쌍 있다. 파리나 모기는 날개가 한 쌍이다. 나비는 날개에 화려한 무늬가 있다.

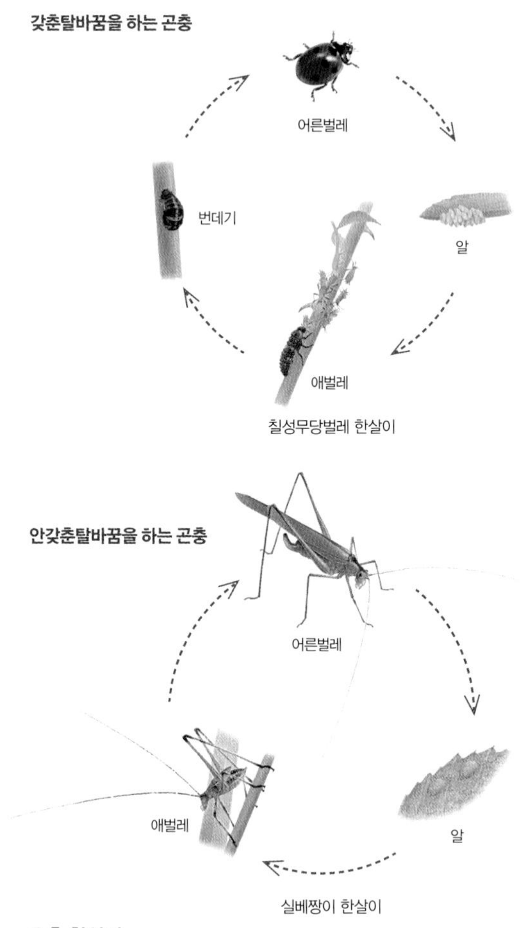
갖춘탈바꿈을 하는 곤충
어른벌레
알
애벌레
번데기
칠성무당벌레 한살이
안갖춘탈바꿈을 하는 곤충
어른벌레
알
애벌레
실베짱이 한살이

곤충 한살이

곤충 한살이

곤충 한살이는 알에서 시작해 애벌레와 번데기를 거쳐 어른벌레로 끝난다. 이렇게 네 단계를 거치면 '갖춘탈바꿈'이라고 한다. 나비나 딱정벌레나 파리나 벌은 갖춘탈바꿈을 한다.

네 단계 가운데 번데기를 거치지 않고 애벌레에서 바로 어른벌레가 되면 '안갖춘탈바꿈'이라고 한다. 하루살이, 잠자리, 메뚜기, 노린재 무리는 안갖춘탈바꿈을 한다.

하루살이나 강도래, 잠자리는 애벌레 때는 물속에서 살고 어른벌레가 되면 뭍으로 나와 산다. 그래서 애벌레와 어른벌레 생김새가 많이 다르다. 애벌레는 물속에서 아가미로 숨을 쉬고, 어른벌레는 뭍에서 숨구멍으로 숨을 쉰다. 바퀴나 메뚜기도 애벌레에서 바로 어른벌레가 되지만 생김새는 크게 달라지지 않는다. 애벌레나 어른벌레 다 뭍에 살고 먹이도 비슷해서 날개나 몸 크기만 달라질 뿐이다. 좀이나 톡토기도 애벌레나 어른벌레나 몸 크기만 달라질 뿐 생김새는 크게 바뀌지 않는다.

알에서 어른벌레까지를 한 세대라고 하는데 '한 번 발생한다'고 한다. 한 해에 한 세대가 지나는 것도 있고, 두 세대나 세 세대가 넘게 지나는 것도 있다. 또 한 세대를 지나는데 여러 해가 걸리는 것도 있다. 매미는 한 세대가 지나는 데 예닐곱 해가 걸린다.

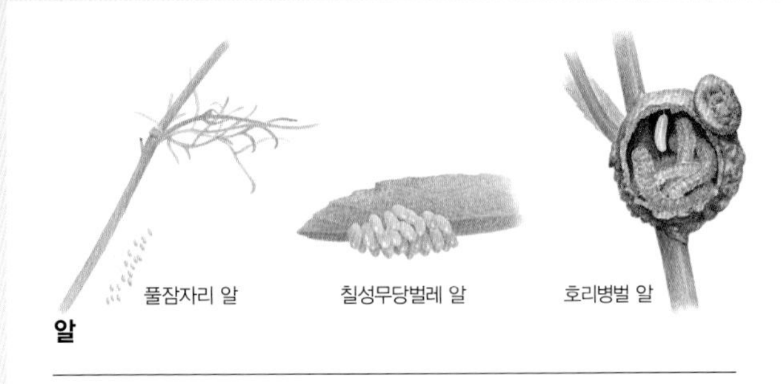

풀잠자리 알　칠성무당벌레 알　호리병벌 알

알

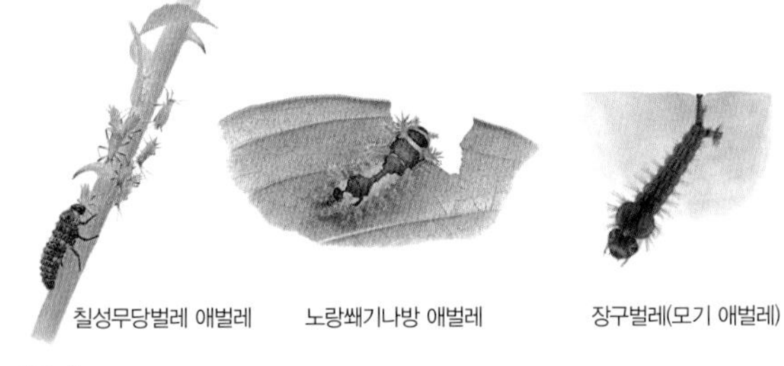

칠성무당벌레 애벌레　노랑쐐기나방 애벌레　장구벌레(모기 애벌레)

애벌레

칠성무당벌레 번데기　노랑쐐기나방 고치　장구벌레 번데기

번데기

알 – 애벌레 – 번데기

알 짝짓기가 끝난 암컷은 애벌레 먹이 가까이에 알을 낳는다. 하나씩 낳기도 하고 수백 개를 덩어리로 낳기도 한다. 알은 모양이나 빛깔이 여러 가지다. 저마다 둘레 색깔이나 모양과 닮아서 눈에 잘 안 띈다.

애벌레 곤충은 한 세대를 거치는데 필요한 양분을 몸에 쌓아 두려고 애벌레 때 가장 많이 먹는다. 애벌레는 허물을 벗으면서 큰다. 세 번에서 많게는 열여섯 번 벗기도 한다. 생김새는 저마다 다르다. 보통 길고 둥근 통 모양이고 머리, 가슴, 배로 나뉜다. 가슴다리가 세 쌍, 배다리가 네 쌍, 꼬리다리가 한 쌍 있다. 딱정벌레 애벌레인 굼벵이는 배다리가 없고, 파리 애벌레인 구더기는 다리가 하나도 없다. 몸에 털이나 가시나 돌기가 있기도 하다. 저마다 풀잎, 나뭇잎, 물속, 땅속, 나무줄기, 논밭에 산다.

번데기 번데기는 갖춘탈바꿈을 하는 곤충만 거치는 단계다. 다 자란 애벌레는 가랑잎이나 돌 밑, 풀 줄기, 나무줄기를 찾아가 번데기가 된다. 번데기 때는 아무것도 안 먹고 움직이지 못하니까 다른 곤충이나 새 같은 천적 눈에 덜 띄는 안선한 곳을 잘 골라 자리를 잡는다. 겉으로 보면 가만히 있는 것 같아도 번데기 껍질 안에서는 애벌레가 어른벌레로 바뀌는 큰 탈바꿈이 일어난다.

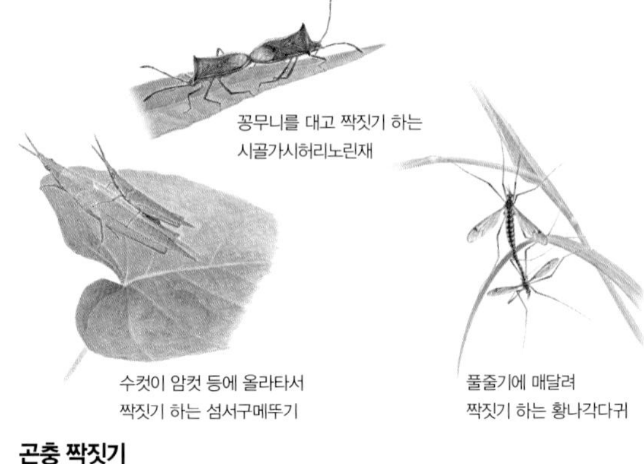

꽁무니를 대고 짝짓기 하는 시골가시허리노린재

수컷이 암컷 등에 올라타서 짝짓기 하는 섬서구메뚜기

풀줄기에 매달려 짝짓기 하는 황나각다귀

곤충 짝짓기

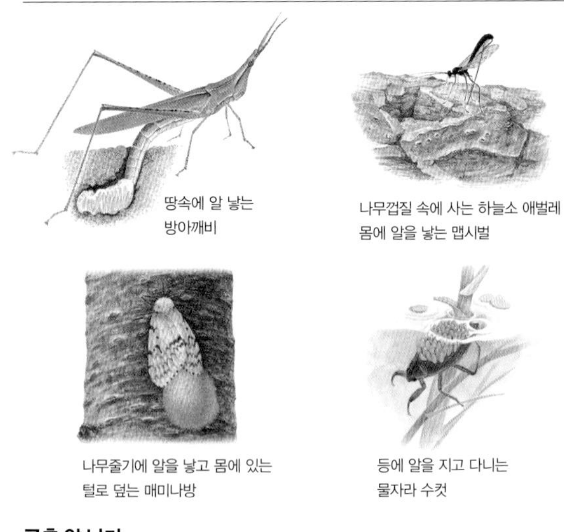

땅속에 알 낳는 방아깨비

나무껍질 속에 사는 하늘소 애벌레 몸에 알을 낳는 맵시벌

나무줄기에 알을 낳고 몸에 있는 털로 덮는 매미나방

등에 알을 지고 다니는 물자라 수컷

곤충 알 낳기

짝짓기와 알 낳기

곤충은 사는 곳이 넓고 수가 많아서 짝짓기를 하고 알 낳는 방법도 여러 가지다. 대부분은 암컷과 수컷이 짝짓기를 하고 알을 낳는다. 짝을 만나려고 저마다 다른 방법을 쓴다. 매미 수컷은 우렁차게 울어서 암컷을 부른다. 모기 수컷은 암컷이 앵앵거리면서 날갯짓하는 소리를 듣고 찾아가 짝짓기를 한다. 반딧불이는 수컷이 꽁무니 불빛을 깜박여서 자기 있는 곳을 알린다. 암컷은 수컷이 내는 빛을 보고 자기도 불을 켜서 신호를 보낸다. 나방은 암컷이 '페로몬'이라는 냄새를 퍼뜨린다.

곤충 가운데는 짝짓기를 하지 않고 새끼를 치는 것도 있다. 진딧물 암컷은 봄부터 수컷 없이 새끼를 낳는다. 가을에 해가 짧아지면 수컷이 태어나고 이때 암컷은 수컷과 짝짓기를 해서 알을 낳는다. 다른 방법으로 번식하는 곤충도 있다. 혹파리는 애벌레 몸에서 또 다른 애벌레가 생기고, 좀벌이나 알좀벌은 알 하나가 여러 개로 나뉘어 여러 마리가 태어난다.

곤충마다 알 낳는 수도 많이 다르다. 줄점팔랑나비는 알을 80개쯤 낳는데 집파리는 천 개, 흰개미 여왕개미는 5억 개를 낳는다. 애벌레가 깨어났을 때 먹을 것이 모자라고 날씨가 서늘하면 알을 적게 낳는다. 어른벌레도 알을 배고 낳는 농안 먹이를 충분히 먹지 못하면 알을 많이 못 낳는다.

차주머니나방 애벌레
말벌
죽은 나무속 방아벌레
모여서 겨울잠 자는 무당벌레

겨울나기

곤충은 낮이 조금씩 짧아지는 것으로 겨울이 오는 것을 안다. 곤충이 겨울을 준비하는 때나 겨울을 나는 곳과 모습은 저마다 다르다.

모시나비는 알로 겨울을 나고, 줄점팔랑나비는 애벌레로, 배추흰나비는 번데기로, 뿔나비는 어른벌레로 겨울을 난다. 귀뚜라미 암컷은 긴 산란관을 땅속에 꽂고 알을 하나씩 낳는다. 알은 땅속에서 추위를 견디며 겨울을 난다. 사마귀는 가을에 스펀지처럼 생긴 알집을 나뭇가지에 붙인다. 알은 두터운 알집 속에서 바람과 추위를 피한다. 칠성무당벌레나 묵은실잠자리는 마른 풀숲이나 가랑잎 속에서 겨울을 난다. 딱정벌레는 썩은 나무줄기 속에 구멍을 파고 들어가고, 하늘소는 상수리나무 줄기 속에서 애벌레나 어른벌레로 겨울을 난다. 썩은 나무껍질 밑에는 맵시벌이나 노린재가 어른벌레로 겨울을 난다. 거름더미 속에서는 장수풍뎅이 애벌레나 꽃무지 애벌레가 겨울을 난다.

이렇게 곤충들은 따뜻하고, 습도가 알맞고 찬 바람이 바로 닿지 않는 곳을 골라 겨울을 난다. 벼멸구나 된장잠자리는 추운 겨울을 넘기지 못하고 겨울 전에 모두 죽는다. 추위는 곤충 수를 조절하는 구실도 한다.

무리별 특징

하루살이 무리

하루살이 애벌레는 몇 달 또는 몇 년 동안 맑은 시냇물이나 강이나 연못 물속에서 자란다. 날개돋이 해서 어른벌레가 되면 짝짓기를 마친 뒤 수컷은 바로 죽고, 암컷은 알을 낳고 죽는다. 어른벌레는 입이 없어져서 먹이를 못 먹는다. 우리나라에는 하루살이가 80종쯤 살고, 온 세계에는 2,500종쯤 산다. 산골짜기에는 '납작하루살이', '피라미하루살이'가 살고, 강 중류나 하류에는 '강하루살이', '동양하루살이', '알락하루살이' 따위가 산다. 고여 있는 더러운 물에는 '꼬마하루살이', '등딱지하루살이' 따위가 산다.

참납작하루살이

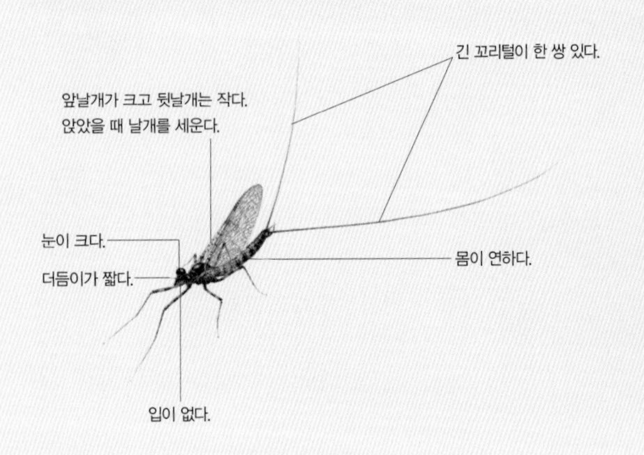

잠자리 무리

잠자리 무리는 실잠자리 무리와 잠자리 무리로 나눈다. 실잠자리는 머리가 옆으로 넓고 몸이 가늘고 길다. 잠자리는 머리가 공처럼 둥글고 크며, 뒷날개가 앞날개보다 넓다. 날개는 속이 훤히 비치고 날개맥이 있다. 날개에 색깔이나 무늬를 띠기도 한다. 잠자리 수컷은 배 앞쪽에 정자를 따로 모아 두는 주머니가 있다. 그래서 짝짓기 할 때 암컷이 기다란 배를 동그랗게 말아 수컷 배 밑에 대고 수컷은 배 꽁무니로 암컷 목덜미를 잡는다. 우리나라에는 120종쯤 살고, 온 세계에는 5,000종쯤 산다.

실잠자리 무리 _ 아시아실잠자리

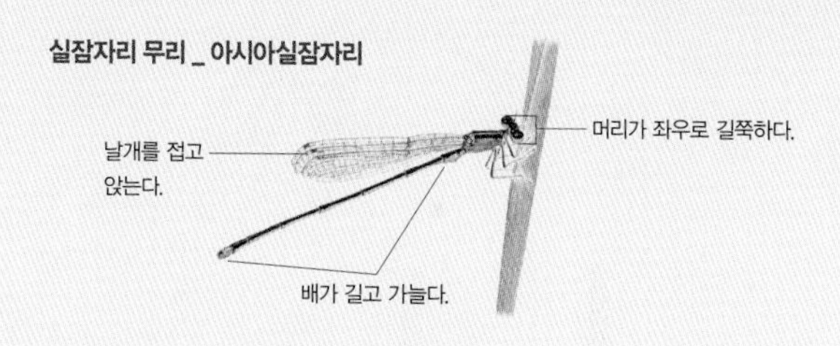

잠자리 무리 _ 노란측범잠자리

바퀴 무리

바퀴는 몸이 납작하다. 머리는 아주 작고 더듬이는 가늘고 길다. 날개는 두 쌍인데 거의 안 날고 기어 다닌다. 열대 지방에 많이 산다. 대부분 밤에 돌아다닌다. 낮에는 작은 틈새나 가랑잎, 돌, 죽은 나무, 썩은 식물 밑에 숨어 있다. 우리나라에는 7종쯤 살고 4종이 집 안에 산다. 온 세계에 4,000종쯤 산다.

바퀴

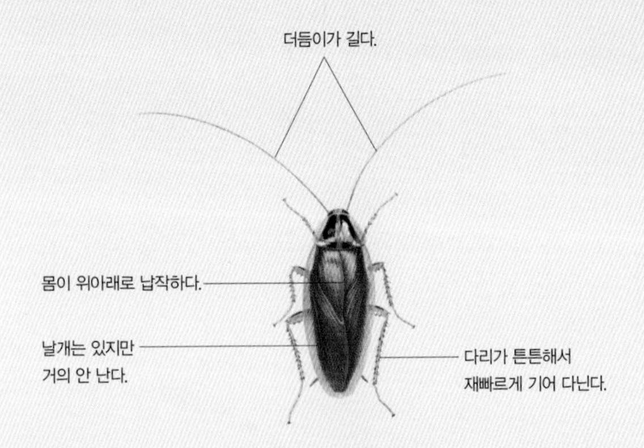

사마귀 무리

사마귀 무리는 몸집이 큰 종류가 많다. 대부분 몸이 가늘고 길다. 몸집에 견주어 머리는 작지만 큰턱, 겹눈, 홑눈이 모두 발달했다. 더듬이는 실처럼 가늘고 길다. 앞가슴이 가늘고 길며, 앞다리가 낫처럼 생겼다. 사마귀는 둘레 환경에 따라 몸 빛깔을 바꾸는 종이 많다. 우리나라에 7종쯤 살고, 온 세계에 2,000종쯤 산다.

왕사마귀

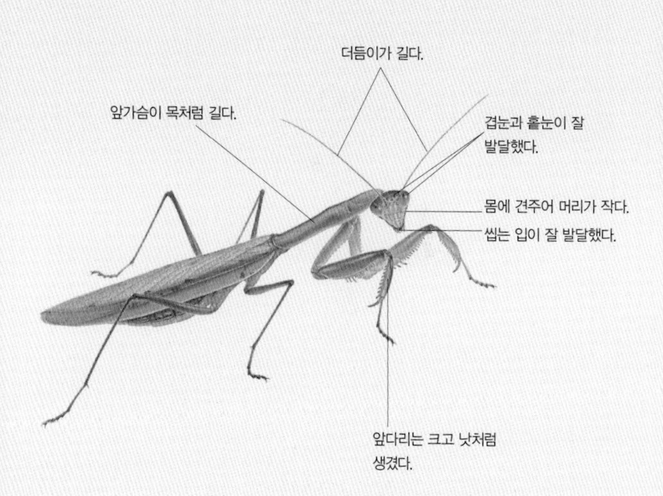

집게벌레 무리

집게벌레 무리는 배 끝에 커다란 집게가 있다. 집게는 꼬리털이 크고 딱딱하게 바뀐 것이다. 적을 공격하거나 막는 데 쓴다. 앞날개는 아주 작고 가죽 같다. 뒷날개는 얇은 막인데 접는 부채처럼 생겼다. 날개가 짧아서 배를 못 덮는다. 홑눈은 없다. 대부분 어미가 알이나 새끼를 지킨다. 우리나라에는 20종쯤 살고, 온 세계에 120종쯤 산다.

고마로브집게벌레

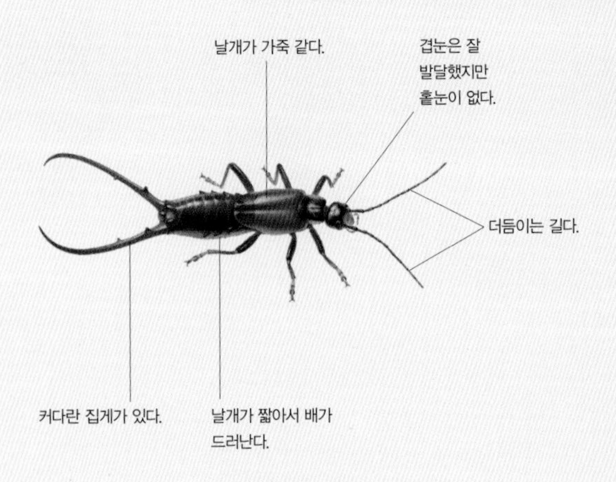

메뚜기 무리

메뚜기 무리는 메뚜기 무리와 여치 무리로 나눈다. 몸집이 큰 종이 많다. 대부분 뒷다리가 커서 높이 뛰거나 멀리 잘 뛴다. 또 울음소리를 내는 것이 많다. 메뚜기 무리는 더듬이가 짧고 굵지만, 여치 무리는 아주 가늘고 길다. 메뚜기 무리는 산란관이 없는데, 여치 무리는 산란관이 있다. 메뚜기 무리는 뒷다리를 비벼서 우는데, 여치 무리는 앞날개에 울음판이 있다. 우리나라에 130종쯤 살고, 온 세계에 22,000종쯤 산다.

여치 무리 _ 검은다리실베짱이

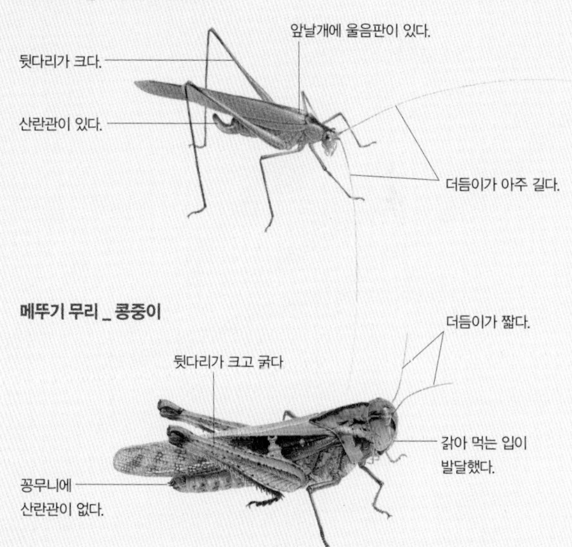

대벌레 무리

대벌레는 몸이 대나무 줄기처럼 가늘고 길다. 다리도 몹시 가늘고 길다. 몸집이 큰 종이 많다. 동남아시아에는 몸길이가 30cm가 넘는 종도 있다. 몸에 견주어 머리는 아주 작다. 더듬이는 제법 길다. 앞가슴은 짧지만 가운데가슴과 뒷가슴은 길다. 대부분 둘레 환경과 생김새가 닮아서 천적 눈을 속인다. 우리나라에 5종쯤 살고, 온 세계에 2,500종쯤 산다.

대벌레

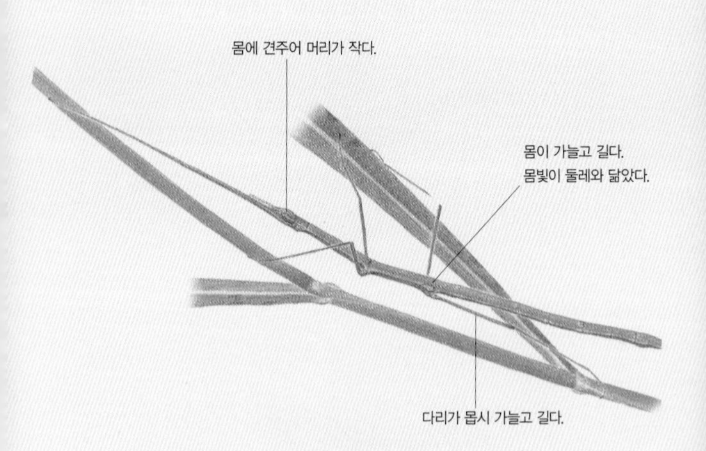

이 무리

이 무리는 모두 새나 젖먹이동물 몸에 더부살이한다. 몸길이가 1~4mm밖에 안 되는 작은 종이 많다. 더듬이는 짧고, 눈은 퇴화해서 없거나 있어도 앞을 못 본다. 가슴은 하나로 뭉쳐져서 앞가슴이나 뒷가슴이 따로 나뉘지 않는 종이 많다. 다리는 대개 짧고, 날개는 없다. 우리나라에는 26종쯤 살고, 온 세계에는 4,500종쯤 산다.

이

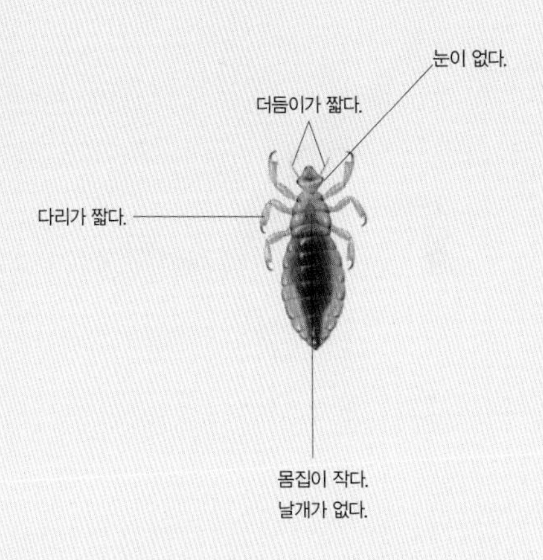

노린재 무리

노린재목은 매미처럼 찌르는 바늘 모양 입을 가지고 있다. 머리는 작고 더듬이는 길고 눈은 잘 발달했다. 날개는 두 쌍인데 앞날개 앞쪽 절반은 투명하지 않고 가죽 같지만, 뒤쪽 절반은 투명한 종류가 많다. 땅 위에서만 사는 무리, 물낯에 사는 무리, 물속에서 사는 무리로 크게 나눈다. 우리나라에 600종쯤 살고, 온 세계에는 26,000종쯤 산다.

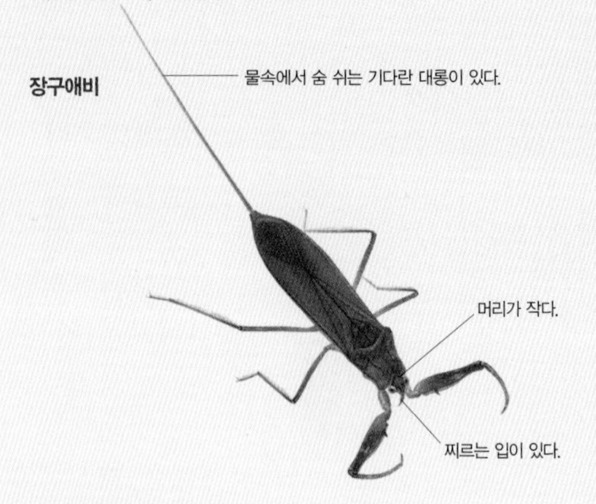

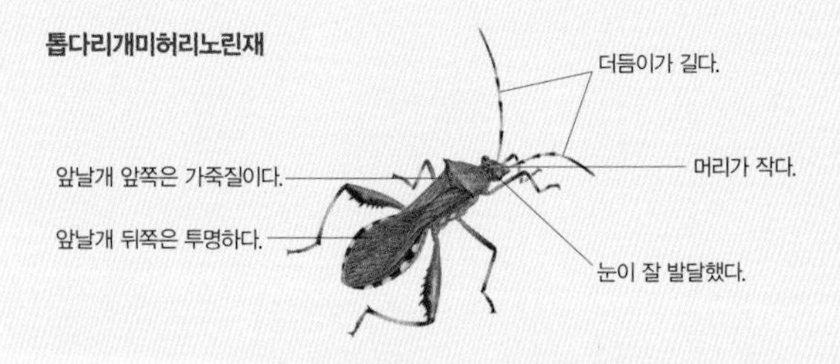

매미 무리

매미 무리는 크기가 여러 가지다. 몸길이가 1mm밖에 안 되는 종부터 90mm가 되는 종까지 있다. 입이 바늘이나 창 모양이어서 식물에 찔러 넣어 즙을 빨아 먹는다. 더듬이는 짧은 편이고 눈은 잘 발달했다. 크게 '매미 무리'와 '진딧물 무리'로 나눈다. 매미 무리는 또다시 매미류, 꽃매미류, 거품벌레류로 나눈다. 진딧물 무리는 깍지벌레류와 진딧물류, 나무이, 가루이 따위로 나뉜다. 우리나라에는 750종쯤 살고, 온 세계에는 500,000종쯤 있다.

매미 무리 _ 참매미

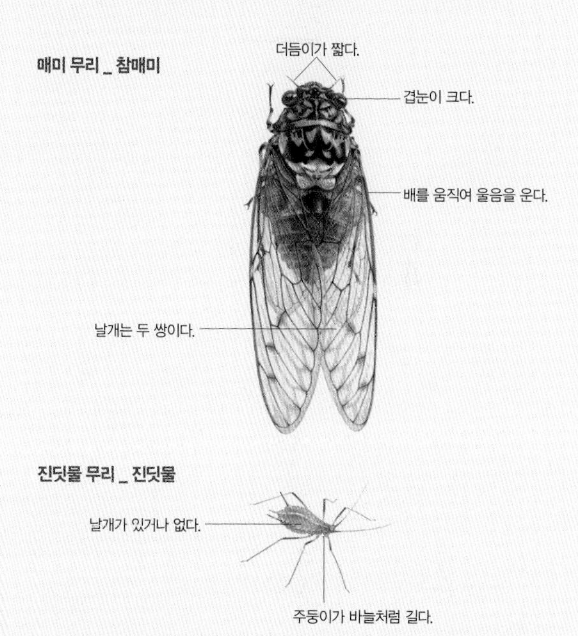

진딧물 무리 _ 진딧물

풀잠자리 무리

풀잠자리는 꼭 잠자리처럼 생겼다. 하지만 잠자리와는 달리 더듬이가 길고, 잘 못 난다. 앞날개와 뒷날개 크기가 비슷하고 날개맥이 그물 모양이다. 앉을 때도 날개를 접고 앉는다. 잠자리 애벌레는 물속에서 살지만 풀잠자리 애벌레는 땅 위에서 산다. 잠자리는 안갖춘탈바꿈을 하지만 풀잠자리는 갖춘탈바꿈을 한다. 어른벌레는 산이나 들에서 살고 밤에 불빛을 보고 날아온다. 우리나라에는 41종이 알려졌고, 온 세계에는 4,000종쯤 산다.

명주잠자리

딱정벌레 무리

딱정벌레 무리는 곤충 가운데 수가 가장 많다. 모든 곤충 가운데 40%를 차지하고, 모든 동물 가운데에서도 1/4을 차지한다. 앞날개가 갑옷처럼 딱딱한 딱지날개로 바뀌었고, 몸도 단단하다. 종 수가 많아서 크기도 생김새도 아주 여러 가지다. 사는 곳도 여러 군데지만 98% 넘는 종이 땅 위에 살고, 물속에 사는 종은 아주 조금이다. 크게 원갑충아목, 식균아목, 식육아목, 풍뎅이아목으로 또 나눈다. 우리나라에는 3,000종쯤 살고, 온 세계에는 360,000종쯤 산다.

톱사슴벌레

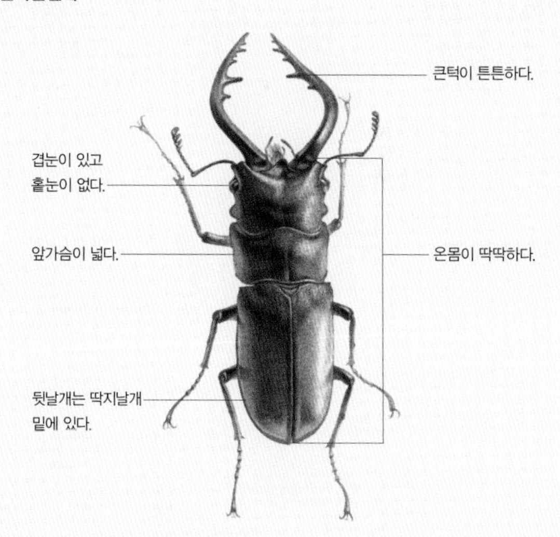

벌 무리

벌 무리는 꽁무니에 침을 가지고 있는 종이 많다. 머리에는 잘 발달한 겹눈이 있고, 홑눈이 세 개 있기도 하다. 더듬이는 길고 입은 큰턱이 있고 꿀을 빨아 먹을 수 있는 긴 혀도 있다. 날개는 두 쌍이다. 앞가슴은 아주 짧고, 가운데가슴과 뒷가슴은 크다. 벌 무리는 함께 모여 사는 종이 많다. 진화가 덜 된 무리는 식물을 먹고, 조금 발전한 무리는 다른 곤충에 더부살이하고, 더 진화한 무리는 다른 곤충을 잡아먹는다. 개미도 벌 무리에 든다. 우리나라에 2,000종쯤 살고, 온 세계에 100,000종쯤 산다.

말벌

벼룩 무리

벼룩 무리는 몸이 옆으로 납작하고, 몸길이가 1~6mm밖에 안 되는 작은 곤충이다. 더듬이는 아주 짧고 눈이 없거나 거의 못 본다. 입은 날카로운 칼 모양이어서 살갗을 뚫고 피를 빨아 먹는다. 몸에는 가시털이 많이 나 있고 살갗은 단단하다. 다리 힘이 세서 몸집은 작아도 아주 잘 뛴다. 90%는 젖먹이동물에 더부살이하고, 나머지는 새에 붙어산다. 우리나라에는 40종쯤 살고, 온 세계에 1,300종 넘게 산다.

벼룩

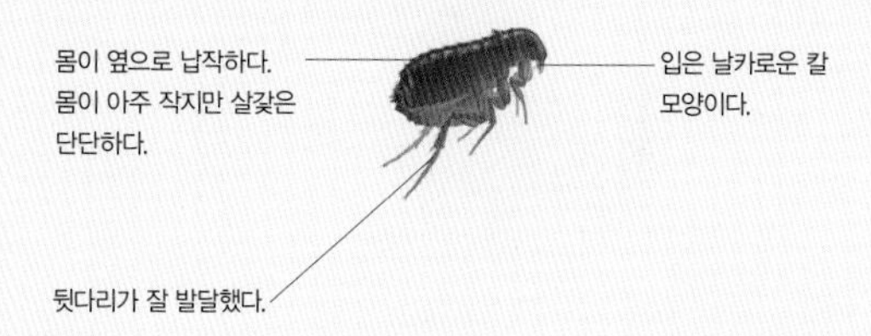

파리 무리

파리 무리는 생김새가 벌과 닮았지만, 벌과 달리 앞날개 한 쌍만 있다. 뒷날개는 곤봉 모양이나 아주 작은 부채 모양으로 바뀌었다. 몸집은 거의 작은 편이고 아주 작은 종도 많다. 머리는 잘 움직이고, 더듬이는 저마다 길이나 생김새가 여러 가지다. 입은 모기나 파리매처럼 찔러서 빨아 먹는 것도 있고, 파리처럼 핥아먹는 것도 있다. 다른 벌레를 잡아먹거나 꽃꿀을 빨거나 동물 피를 빨아먹기도 한다. 모기 무리, 등에 무리, 파리 무리 따위가 있다. 우리나라에 1,200종쯤 살고, 온 세계에 100,000종쯤 산다.

파리

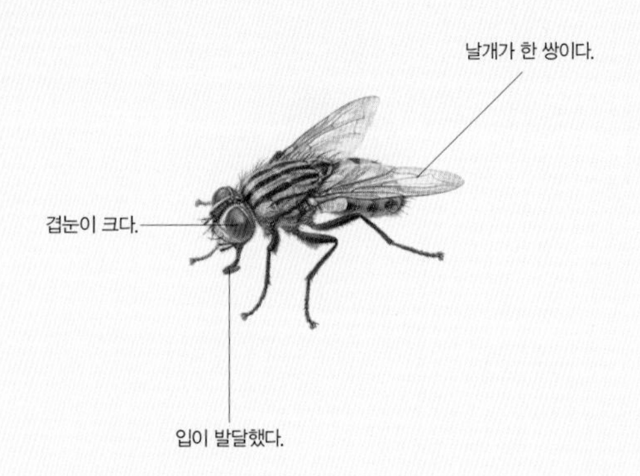

날도래 무리

날도래는 언뜻 보면 나방처럼 생겼다. 나비나 나방은 날개와 몸통이 비늘로 덮였는데, 날도래는 털로 덮였다. 더듬이는 실처럼 가늘고 길다. 겹눈은 작다. 어른벌레는 입이 없어져서 아무것도 안 먹는다. 날개는 두 쌍인데 앉아 있을 때는 지붕처럼 비스듬하게 접는다. 애벌레는 물속에서 산다. 둘레에 있는 모래나 나무토막이나 가랑잎 부스러기 따위를 실로 묶어서 집을 만들고 그 속에서 사는 종이 많다. 우리나라에 72종쯤 살고, 온 세계에 10,000종쯤 산다.

날도래

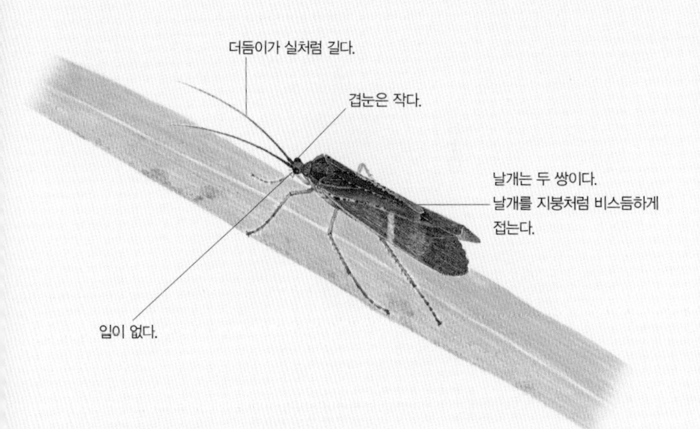

나방 무리

나비와 나방은 모두 몸과 날개가 작은 비늘로 덮여 있다. 머리에는 커다란 겹눈과 더듬이가 있다. 나방은 더듬이가 실 모양이든 빗살이나 깃털 모양이든 끝이 모두 뾰족하다. 밤에 많이 돌아다니지만 낮에 돌아다니는 종도 있다. 우리나라에 가장 많이 사는 것은 '밤나방상과'인데, 밤에 나와 돌아다니고 불빛에 잘 날아온다. 몸이 뚱뚱하고 털이 많다. 날개가 화려한 종도 많다. 다음으로 많은 종은 '자나방 무리'인데, 나비처럼 몸이 가늘고 색깔도 여러 가지고 낮에 보이는 종이 많다.

점갈고리박각시

나비 무리

나비는 더듬이 끝이 조금 부풀어서 뭉뚝하다. 낮에 꽃을 찾아 다닌다. 날개에 화려한 무늬를 가진 종이 많다. 입틀은 나비와 나방 모두 대롱처럼 생겨서 꿀을 빨기 좋다. 애벌레 때는 식물 잎이나 줄기, 꽃, 뿌리, 나무줄기, 낟알을 먹고 어른벌레는 꽃꿀을 먹는다. 나방과 나비 무리는 우리나라에는 3천 종쯤 살고, 온 세계에 20만 종쯤 산다. 그 가운데 나비 무리는 우리나라에 250종쯤 산다.

호랑나비

찾아보기

학명 찾아보기

M

N

O

P

우리말 찾아보기

가

나

바

사

아

자

차

카

타

파

하

그린이

권혁도

1955년 경상북도 예천에서 태어나 추계예술대학교에서 동양화를 공부했다. 벌레들은 작고 보잘것없어 보이지만 생명까지 작은 것은 아니며, 생명 그 자체로 귀하다는 마음으로 20년 동안 벌레를 그리고 있다. 《누구야 누구》, 《세밀화로 그린 보리 어린이 식물도감》, 《세밀화로 그린 보리 어린이 동물도감》, 《세밀화로 그린 보리 어린이 곤충도감》, 《배추흰나비 알 100개는 어디로 갔을까?》, 《세밀화로 보는 곤충의 생활》에 그림을 그렸다.